高等医药院校基础医学实验教材

供本、专科医学类相关专业学生使用

# 生理学实验与学习指导

**主 编** 王 晋 张锋雷 覃 莉

**副主编** 赵 宇 周 丹 温敏霞

**编 者**（排名不分先后）

张筱晨（广西科技大学）　　　　吕敏捷（广西科技大学）

姚裕群（广西科技大学）　　　　周荣波（广西科技大学）

谢正轶（广西科技大学）　　　　李华旺（广西科技大学附属卫生学校）

桂 雄（广西科技大学）　　　　兰 可（广西科技大学）

黄 丽（广西科技大学）　　　　王定坤（广西科技大学）

李 斌（广西科技大学）　　　　甘建华（广西科技大学）

张西丽（广西科技大学）　　　　杨剑萍（广西科技大学）

韦锦绣（广西科技大学附属卫生学校）

电子工业出版社

Publishing House of Electronics Industry

北京·BEIJING

**图书在版编目（CIP）数据**

生理学实验与学习指导 / 王晋，张锋雷，覃莉主编. —北京：电子工业出版社，2022.8

高等医药院校基础医学实验教材

ISBN 978-7-121-44109-7

Ⅰ. ①生… Ⅱ. ①王…②张…③覃… Ⅲ. ①生理学 – 实验 – 医学院校 – 教学参考资料

Ⅳ. ①Q4-33

中国版本图书馆CIP数据核字(2022)第145777号

责任编辑：崔宝莹

印　　刷：三河市华成印务有限公司

装　　订：三河市华成印务有限公司

出版发行：电子工业出版社

　　　　　北京市海淀区万寿路173信箱　　邮编：100036

开　　本：787×1092　　1/16　　　　印张：13.25　　字数：255千字

版　　次：2022年8月第1版

印　　次：2022年8月第1次印刷

定　　价：37.00元

凡所购买电子工业出版社图书有缺损问题，请向购买书店调换。若书店售缺，请与本社发行部联系，联系及邮购电话：（010）88254888，88258888。

质量投诉请发邮件至zlts@phei.com.cn，盗版侵权举报请发邮件到dbqq@phei.com.cn。

本书咨询联系方式：QQ 250115680。

# 前　言

2022年以来，依据我校学生使用的《生理学》教材的内容，紧密结合我校生理学实验课教学的实际，我们开展了《生理学实验与学习指导》的编写工作。本书为《生理学》的配套教材，编写时坚持三基、五性、三特定的原则，贴近临床实践、对接学科发展、适应职业资格考试，体现临床思维与技能并重、专业知识与人文精神融通、学习与服务互动的特点，力求实现内容和形式的双重创新。

本书主要包括实验和学习指导两部分。第一部分根据教学大纲中的生理学实验技术及基本技能训练要求，结合编者多年的实验教学经验及现有仪器设备来编写，主要包括反射时的测定及反射弧分析、制备坐骨神经－腓肠肌标本、刺激强度和刺激频率与骨骼肌收缩的关系、红细胞的渗透脆性、血液凝固及影响血液凝固的因素、ABO血型的鉴定、蛙心搏动的观察及起搏点的分析、人体心电图描记、人体心音听诊、人体动脉血压的测量及运动对血压的影响、哺乳动物心血管活动的调节、兔减压神经放电、微循环血流观察、人体肺通气功能的测定、膈神经放电、呼吸运动的调节、胃肠运动的观察、人体体温测量、影响尿生成的因素、视调节反射和瞳孔对光反射、视力的测定、色盲检查、声波的传导途径、耳蜗微音器电位的记录、破坏动物一侧迷路的效应、人体腱反射检查、破坏小鼠一侧小脑的观察、大脑皮质运动区功能定位、去大脑僵直、胰岛素引起低血糖的观察。第二部分为学习指导，学习指导按照《生理学》的基本内容和章节顺序编写，以帮助学生巩固课堂所学的知识，并附以参考答案供学生完成课后的自我测评。

需要特别说明的是，书内的专业词汇因在教材中已给出其相关英文全称，因此在该书稿内只体现其英文缩写。有些化学试剂存在中文名称和化学式共存的情况，目的是让学生巩固所学知识，不必完全拘泥于一种格式。由于有些实验材料是实验室常规材料，因此该书各实验中的实验用品并不一定与实验步骤中出现的材料一一对应。

由于时间有限，以及我们知识和专业背景的局限，书中疏漏和不妥之处在所难免。恳请广大读者在使用本书的过程中不吝批评指正，以便于再版时更正。

王　晋　张锋雷　覃　莉

2022 年 7 月

# 目  录

## 上篇  实  验

# 下篇　学习指导

## 一、生理学实验的目的与要求

1.生理学实验的目的　通过实验对学生进行系统、规范的实验技能培训，使学生初步掌握生理学实验的基本操作技术，了解获得生理学知识的科学方法，验证和巩固生理学的基础理论，培养学生理论联系实际的能力和严格细致的科学作风，以及提高学生对实验过程进行客观地观察、比较、分析、综合的能力及独立思考、解决问题的能力。

2.生理学实验的要求

（1）课前应仔细阅读实验指导，了解实验的内容、目的、要求。结合实验复习有关理论知识，并根据理论预测实验应得的结果，尽量熟悉实验的步骤和操作程序。

（2）实验过程中应该按照实验步骤循序操作，爱护实验器材、节约药品，保护好实验动物和标本，仔细、耐心地观察实验过程中出现的现象，随时记录实验结果，联系理论进行思考。不得进行与实验无关的活动。

（3）实验结束后必须将实验用具整理归位，所用器械擦洗干净。如有损坏或短缺，应立即向教师报告。整理实验记录，认真填写实验报告，按时交给负责教师评阅。

## 二、实验报告的书写

实验报告是对实验的全面总结，学生要按照医学科研论文的格式独立完成实验报告。实验报告中应注意文字简练、通顺，正确使用标点符号。

实验报告的内容与格式一般如下：

生理学实验报告

姓名_____　　　班级_____　　　组别_____　　　日期_____

实验地点、日期、温度、湿度、气压等。

实验题目：

实验目的：

实验对象：

实验方法：

实验结果：

分析讨论：

结论。

在填写实验报告时，有关实验方法的部分，无须罗列实验过程，仅需说明本次实验的主要方法及步骤。对实验结果的描述，文字上应力求简练。为客观反映实验结果，可把由记录系统描记下的曲线直接贴在实验报告上，或自己绘制简图。

无论采用哪种方式都应该做清晰的图注。如观察项目较多，也可分步骤写实验结果。实验结果要保证真实性与科学性。在分析与讨论中，应将获得的实验结果，结合学习的理论知识进行分析，经过思考，提出自己的见解，不可盲目抄书。报告的最后部分"结论"是本次实验获得的最基本的规律性内容，书写力求简明扼要，不可写入本实验未曾证实的内容。

## 三、生理学实验室规则

（1）须携带实验指导、记录本、穿戴实验衣帽，提前 10min 进入实验室。与实验无关的物品请勿带入实验室。

（2）遵守学习纪律，保持实验室安静；严肃、认真、安全地进行实验，不做与本实验无关的事情。

（3）实验室的一切物品，未经教师许可，不得擅自取用或带出实验室。

（4）各组应用的实验器材、物品，在使用前应查验清楚，不得随意与别组调换；如遇机件不灵或损坏时，应报告教师，以便及时修理或更换。

（5）节约水电及一切消耗性物品，爱护仪器和用具。损坏物品应赔偿。

（6）保持实验室整洁。公共器材和药品用完后立即归位，动物尸体和废弃物应放到指定地点。

（7）实验完毕后，应将实验器材、用品和实验台收拾干净，查验清楚，放回原处。各小组轮流搞好实验室的卫生，关好窗户、水电，经教师检查无误后，方可离开。

## 四、生理学实验常用的仪器与手术器械

生理学实验使用的仪器种类繁多，我们在此仅介绍最基本的几种。首先是刺激装置，它可对实验对象施加刺激，引起其生理功能的变化。生理功能变化的信号，需要用显示和记录装置以显示和记录下来，才能进行观察与分析。目前生理学实验室常用的有记纹鼓、生理记录仪和示波器。生理功能变化的信号常常需要先转换成仪器所能够显示和记录的信号，对于比较微弱的生物信号，需经过适当的放大，因此还需配置换能或放大装置。由于不同记录仪器的性能不同，所要求的转换装置和放大装置也有所不同，但基本配置关系如下（图 1）：

**图 1　基本生理学实验装置的配置关系**

## 【刺激装置】

生物体能够接受的刺激的种类很多，在生理学实验中，最常用的是电刺激。因为它使用方便，易于定量控制，不易损伤组织，可重复使用且调节方便。最常用的刺激装置是电子刺激器及与其配合使用的刺激电极。

### （一）电子刺激器

电子刺激器是能产生一定波形电脉冲的仪器。波形种类很多，最常用的是方波，因为它的强度、时间、频率等刺激参数易于控制。常用的可调节参量有手控单刺激、连续刺激等刺激方式，可调节波幅（刺激强度）、波宽（刺激作用时间）和刺激频率。与示波器配用，设同步输出和延时装置，前者使扫描同步、波形稳定清晰，后者调节波形于荧光屏的适合位置。刺激隔离器是刺激器的一个重要的附件，使输出的信号与地隔开，可降低干扰，并减少刺激伪迹。功能全面的刺激器备有记时、记滴等装置。

### （二）刺激电极

常用的刺激电极有：①普通电极。普通电极的金属导体裸露少许，用于与组织接触而施加刺激。②保护电极。保护电极的金属导体一侧裸露少许，其他部分用绝缘材料包藏，用于刺激体神经干，以保护周围组织免受刺激。③锌铜弓。锌铜弓是由锌和铜两种金属片做成的镊子状器械，它是生理学实验中常用的最简单的电刺激器。当锌、铜片两尖端与组织接触时，产生电流，对组织施加刺激。实验中常用它检查神经肌肉标本有无兴奋性。④微电极。在现代细胞生理学的实验中，微电极可用于刺激单个细胞或神经核团，也可用来引导单个细胞或神经核团的电变化。微电极的尖端很细，直径仅为 0.5~5 μm，呈圆锥形。根据制作材料的不同可分为金属微电极和充填电解液的玻璃微电极。

## 【传动、换能和前置放大器】

### （一）传动、换能装置

1.机械传动杠杆　种类和式样很多，常配合记纹鼓使用的有普通杠杆、通用杠杆、万能杠杆等。装入杠杆的描笔在垂直方向应能活动自如。描笔杆可用竹签等制作，笔尖可用木刨花剪成。改变杠杆长短臂比例，即可改变记录曲线的振幅，例如：气鼓（玛利式气鼓）（图 2a）。气鼓是一个带侧管的金属浅圆皿，上面覆盖有橡皮薄膜，膜中央粘一小支架，支架上安放描笔，常用于描记呼吸。

2.检压计　检压计是一个 U 形玻璃管，利用管内液柱移动或带动浮标插竿上端的横置描笔，以显示或描记被测液、气压变化。水银检压计用于较高压力（如血压）测定（图2b），水检压计用于较低压力（如胸膜腔内压）测定。

3. 机－电换能器　生理学实验用的换能器是将非电能量转换成电能，经放大后，才能在记录仪上进行显示或记录。常用的有肌张力换能器、压力换能器等（图2）。

 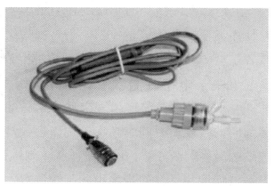

a　　　　　　　　　　　　b

**图2　常用换能器**

a. 肌张力换能器；b. 压力换能器

### （二）前置放大器

生物电信号很微弱，常在mV或μV级范围内。如果要观察和记录其变化，需要先将生物电信号经前置放大器放大后，再输入到示波器或记录仪才能显示和记录，因为它能放大变化缓慢的非周期性的微弱信号，故又称直流前置放大器。各种型号的生物电前置放大器的性能、面板结构和使用方法大体相同。

主要可选择和调节的参数如下：

1. 输入选择　①时间常数："0.001~1s"和输入形式（直流、交流）。在选取交流输入时，时间常数越小，则对低频信号的衰减越大，适当调节可减小低频干扰。②平衡：放大器的输入端直接接地；然后调节"平衡"调节旋钮，可使放大器达到自身平衡。③校正：用于观察或检查放大器的放大倍数。此时仪器内的校正波自动输入放大器，输出端接入示波器后，即可推算放大器的放大倍数。④辨校：用于校正放大器的辨差率。辨差率越高，则放大器抗干扰能力越强。

2. 增益控制　增益控制用于改变放大器的放大倍数，常分为四档，分别放大20（或50）倍、100倍、200（或500）倍和1000（或2000）倍。如果是双前置放大器，可以串联使用，将会获得更高的放大倍数。

3. 滤波频率　滤波频率用于去除高频噪声的干扰。例如放置在10kHz刻度时，指信号在10kHz及以上的交流信号放大增益减小到70%以下。其余依此类推。

## 【记录仪器】

### （一）生理记录仪

生理记录仪有单道仪、二道仪和多道仪之分，配合适当的换能器和电极可将多种生理功能变化的过程如肌肉舒缩、呼吸运动、血压及心电情况等描记在记录纸上。因其灵敏、精确、直接而方便，故常备在实验室中。通常二道记录仪就可满足一般生理学实验需要。

### （二）记纹鼓

记纹鼓是可记录伴有机械变化的生理实验传统仪器。根据动力的不同，可分为弹簧记纹鼓和电动记纹鼓。使用时调整到适当鼓速，并使描笔尖与鼓面呈相切接触。

### （三）示波器

示波器是观察和记录变化迅速而微弱的生物电现象的仪器。借助附加的照相装置进行拍摄或电磁记录设备可将实验波形保存。荧光屏上的纵坐标表示电压幅度，横坐标表示时程。

### （四）电磁标

电磁标是应用电磁感应原理制成做标记用的装置。当通电时，吸动描笔在记纹鼓上做标记。它可与电刺激器的指标插孔相接，做刺激标记，也可与记时器或记滴器的输出相接，记录时间长短或液体的滴数。使用时应把电磁标的描笔笔尖与其他描记笔尖放在同一条垂直线上。

## 【生物功能实验系统】

生理学、药理学、病理学研究的对象就是生物机体在各种不同的条件下所表现出来的一些生理指标，这些生理指标是通过生物体内各种组织和器官产生的生物功能信号表达出来的，包括神经放电、脑电、胃电、心电、血压、张力、温度信号等。

生物功能信号的种类繁多，强弱不一，频谱混迭和互相干扰，因此对生物信号的观察、记录和分析变得非常复杂，需要借助于很多实验仪器，比如前置放大器、示波器、记录仪、刺激器等。

所幸的是，随着电子及计算机技术的发展，近年来出现了以计算机为基础的现代生物功能实验系统，它完全替代了原来利用分离的放大器、示波器、记录仪、刺激器等仪器所构成的操作烦琐而性能低下的生物信号观测系统，功能更加强大与灵活。

下面以 BL-420 生物功能实验系统为例，对现代生物功能实验系统做一下简单介绍。

BL–420生物功能实验系统是配置在计算机上的4通道生物信号采集、放大、显示、记录与处理系统。可同时记录4种相同类型或不同类型的生物功能信号。

## （一）BL-420 生物功能实验系统的组成

（1）计算机。

（2）BL–420生物功能实验系统硬件。

（3）BL-NewCentury生物信号显示与处理软件。

## （二）用途

BL–420生物功能实验系统完全替代了原来利用分离的放大器、示波器、记录仪、刺激器等仪器所构成的传统生物功能实验系统，适用于生理、药理、毒理和病理等实验。BL–420生物功能实验系统较传统实验设备的优势是非常明显的：可以比传统功能实验设备获得更为精确的实验结果，可实现实验结果的无纸保存、实验数据的计算机自动分析等。BL–420生物功能实验系统可以完成的基本实验如下：

（1）神经干动作电位的观察与分析，替代前置放大器、示波器和刺激器。

（2）骨骼肌收缩曲线的描记与分析，替代记录仪或记纹鼓。

（3）心电图的描记与分析，替代前置放大器和记录仪或心电图仪。

（4）减压神经、膈神经放电的观察与监听，替代前置放大器、示波器和监听器。

（5）呼吸曲线的描记与分析，替代记录仪或记纹鼓。

（6）尿生成实验，替代记录仪和记滴器。

（7）大脑皮质诱发脑电的实验。

（8）消化道平滑肌生理特性的研究。

（9）耳蜗微音器电位的记录。

除了上面所列的实验类型以外，您还可以根据自己的需要定义不同的实验类型。

## （三） 使用

利用BL–420生物功能实验系统完成生物功能实验非常简单。由于BL–420生物功能实验系统上没有一个用于仪器调节的机械开关，仪器所有的参数设置以及实验结果的观察和分析都是通过计算机上的专用软件——BL-NewCentury完成的，所有我们首先来熟悉这个软件。下面我们首先介绍这个软件的主界面（图3a）。TM_WAVE生物信号采集与分析软件主界面上各部分功能见表1。

1.顶部窗口　顶部窗口位于工具条的下方、波形显示窗口的上方。顶部窗口由4部分组成，分别是：当前选择通道的光标测量数据显示、启动刺激按钮、特殊实验标记编辑及采样率选择按钮等（图3b）。

刺激器调节区　标题条　左、右视分隔条　菜单条　工具条　刺激　4个切换按钮

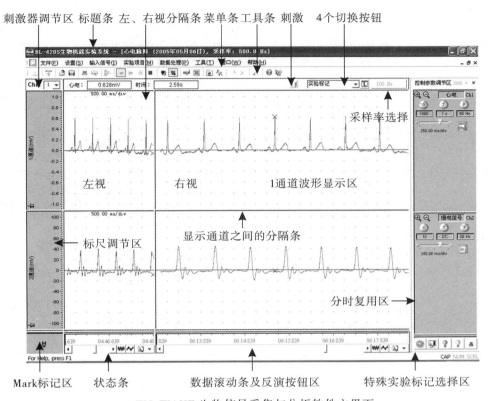

采样率选择

左视　　右视　　1通道波形显示区

标尺调节区　　显示通道之间的分隔条

分时复用区

Mark标记区　　状态条　　数据滚动条及反演按钮区　　特殊实验标记选择区

a. TM_WAVE 生物信号采集与分析软件主界面

启动刺激按钮　　　　设置采样率按钮

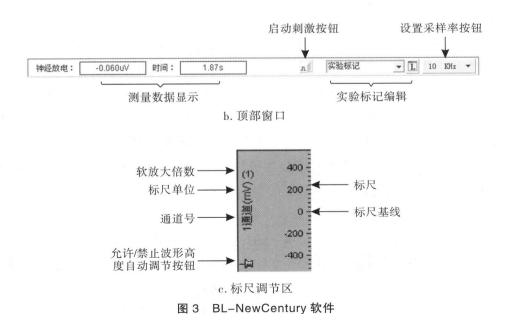

测量数据显示　　　　实验标记编辑

b. 顶部窗口

软放大倍数　　标尺
标尺单位
　　　　　　标尺基线
通道号
允许/禁止波形高
度自动调节按钮

c. 标尺调节区

图 3　BL-NewCentury 软件

表 1　TM_WAVE 生物信号采集与分析软件主界面上各部分功能一览表

| 名称 | 功　能 | 备注 |
|---|---|---|
| 标题条 | 显示 TM_WAVE 软件的名称及实验相关信息 | 软件标志 |
| 菜单条 | 显示所有的顶层菜单项，您可以选择其中的某一菜单项以弹出其子菜单。最底层的菜单项代表一条命令 | 菜单条中一共有 8 个顶层菜单项 |
| 工具条 | 一些最常用命令的图形表示集合，它们使常用命令的使用变得方便与直观 | 共有 22 个工具条命令 |
| 左、右视分隔条 | 用于分隔左、右视，也是调节左、右视大小的调节器 | 左、右视面积之和相等 |
| 特殊实验标记选择区 | 用于编辑特殊实验标记，选择特殊实验标记，然后将选择的特殊实验标记添加到波形曲线旁边 | 包括特殊标记选择列表和打开特殊标记编辑对话框按钮 |
| 标尺调节区 | 选择标尺单位及调节标尺基线位置 | |
| 波形显示窗口 | 显示生物信号的原始波形或数据处理后的波形，每一个显示窗口对应一个实验采样通道 | |
| 显示通道之间的分隔条 | 用于分隔不同的波形显示通道，也是调节波形显示通道高度的调节器 | 4 个显示通道的面积之和相等 |
| 分时复用区 | 包含硬件参数调节、显示参数调节区、通用信息区、专用信息区和刺激参数调节区 5 个分时复用区域 | 这些区域占据屏幕右边相同的区域 |
| Mark 标记区 | 用于存放 Mark 标记和选择 Mark 标记 | Mark 标记在光标测量时使用 |
| 时间显示窗口 | 显示记录数据的时间 | 在数据记录和反演时显示 |
| 数据滚动条及反演按钮区 | 用于实时实验和反演时快速进行数据查找和定位，可同时调节 4 个通道的扫描速度 | |
| 切换按钮 | 用于在 5 个分时复用区中进行切换 | |
| 状态条 | 显示当前系统命令的执行状态或一些提示信息 | |

2. 标尺调节区　TM_WAVE 软件显示通道的最左边为标尺调节区（图 3c）。每一个通道均有一个标尺调节区，用于实现调节标尺零点的位置以及选择标尺单位等功能。

3. 硬件参数调节　控制参数调节区是 TM_WAVE 软件用来设置 BL-420S 生物功能实验系统的硬件参数以及调节扫描速度的区域，对应于每一个通道都有一个控制参数调节区，用来调节该通道的控制参数（图 4a，图 4b）。

4. 开始实验

第一种方法：从"实验项目"菜单中选择自己需要的实验项目即可开始实验。

第二种方法：从"输入信号"菜单中为需要采样与显示的通道设定相应的信号种类，然后从工具条中选择"启动波形显示"命令按钮（▶）。

完成实验后，选择"停止实验"命令按钮（■）即可停止实验，如果需要保存实验数据，则为实验数据取一个名称，否则你可以放弃保存实验数据。

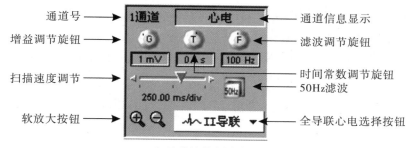

a. 一个通道的控制参数调节区

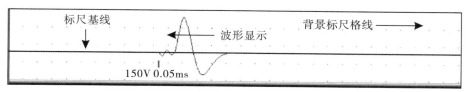

b. TM_WAVE 软件生物信号显示窗口

**图 4　TM_WAVE 软件**

5.定标　定标是为了确定引入传感器的生物非电信号和该信号通过传感器转换后得到的电压信号之间的一个比值，通过该比值，我们就可以计算传感器引入的生物非电信号的真实大小。

通过传感器引入的信号，为了获得精确的定量分析数据，需要进行定标操作，比如为了测量血压、肌张力的准确大小，需要对压力和张力换能器进行定标。

## 【常用手术器械】

### （一）蛙类实验常用的手术器械

1.手术剪　粗剪又叫组织剪，用于剪骨、皮肤和肌肉等粗硬组织；眼科剪，即细剪，仅用于剪神经和血管等软组织。

2.手术镊　用于夹持组织和牵提切口处皮肤，眼科镊用于夹提血管、黏膜等细软组织。

3.金属探针　用于破坏蛙类的脑和脊髓。

4.玻璃分针　用于分离神经或血管等组织。

5.蛙心夹　使用时将夹端夹住蛙心尖，另一端借缚线连接杠杆或换能器，描记心脏搏动。

6.蛙板　大小约为 20cm×15cm 的木板，上面有许多小孔，有的在两边还附有蛙腿夹，用于固定蛙类，固定时一般用大头钉把蛙腿钉在木板上，也可使用蛙腿夹夹住蛙腿。

7.蛙嘴夹　用于夹住脊蛙的下颌，将其悬挂固定于支架上。

## （二）哺乳类动物实验常用的手术器械

1. 手术刀　用于切开动物的皮肤和器官。

2. 手术剪　粗剪用于剪毛、皮肤、皮下组织和肌肉，细剪（眼科剪）用来剪血管和神经等细软组织。

3. 手术镊　牵拉切口或夹捏坚韧粗厚的组织用有齿镊，夹提细软组织用无齿镊或眼科镊。

4. 止血钳　除用于止血外，有齿的用于提起皮肤，无齿的分离皮下组织。较细小的蚊式钳适于分离小血管和神经周围的结缔组织。

5. 持针器和缝针　持针器用于夹持缝针的近尾端1/3处。

6. 骨钳　用于打开颅腔和骨髓腔时咬切骨质。

7. 颅骨钻　开颅时钻孔用。

8. 动脉夹　用于短时间内阻断动脉血流，以便做动脉插管。

9. 血管插管　急性动物实验时使用。动脉插管细端插入动脉，另一端连接水银检压计或换能器，以检测或记录血压。静脉插管一端插入静脉后固定，另一端连接三通管或输液器，以便在实验中随时输注溶液和药物。

10. 气管插管　急性动物实验行气管切开后插入气管固定，以保证麻醉后动物呼吸通畅。

# 上篇

## 实验

## 实验一　反射时的测定及反射弧分析

### 实验目的

观察　反射弧的完整性及其与反射活动的关系。

### 实验原理

机体在中枢神经系统的参与下，对内、外环境刺激所做出的规律性应答称为反射。在反射过程中生物信号反射弧传递需要一定的时间，从刺激开始至反射出现所需要的时间为反射时，即兴奋通过反射弧而引起外周效应所需要的时间。反射弧的结构和功能的完整是实现反射活动的必要条件。反射弧的任何一部分结构或功能受到破坏，反射活动均不出现。

### 实验用品

蛙或蟾蜍，蛙类手术器械 1 套（组织剪、组织剪、眼科剪、组织镊、眼科镊、蛙板、刺蛙探针、玻璃分针、蛙固定针、器械盘、锌铜弓、滴管、小烧杯、手术线），铁支架、双凹铁夹、电子刺激器、小烧杯、培养皿、滤纸片、药用棉球、任氏液、0.5% 和 1% $H_2SO_4$ 溶液、清水等。

### 实验准备

脊蛙制备有以下两种方法。

1. 去脑法　左手紧握蛙体，右手将粗剪从口裂插入，沿两眼后缘剪去蛙头。此法较易操作，但出血较多。

2. 破坏脑髓　左手握住蛙体与前肢，用食指压蛙头前端，使蛙头前俯。右手持探针由头前端沿正中线向尾端触划，触及凹陷处即枕骨大孔。将探针由枕骨大孔垂直刺入（图 1-1a）。然后向前刺入颅内，将针左右搅动，捣毁脑组织。

制备好脊蛙后用肌夹将蛙下颌夹住，挂在铁支架上（图 1-1b）。

### 实验步骤

（1）用培养皿中的 0.5% $H_2SO_4$ 溶液浸没蛙左脚趾，观察有无屈肌反射活动。出

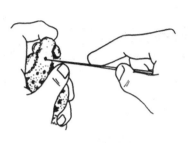

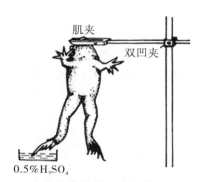

a. 将探针由枕骨大孔垂直刺入　　　　　　b. 将脊蛙挂在支架上

**图 1-1　脊蛙制备方法**

现反应后，立即用清水洗净脚趾，再用纱布轻轻揩干。

（2）在蛙左踝关节处做一环形切口，剥去左脚趾皮肤，重复前一项操作，并观察结果。

（3）用 0.5% $H_2SO_4$ 溶液浸没蛙右脚趾端，观察有无屈肌反射发生。刺激后用清水洗净。

（4）剪断蛙左腿坐骨神经：在蛙左后腿背面做一纵向皮肤切口，用玻钩分开股二头肌和半膜肌，钩出坐骨神经并剪断，再用 0.5% $H_2SO_4$ 溶液刺激该侧脚趾皮肤，观察有无屈腿反射。同法将右侧坐骨神经钩出并做双结扎，在结扎线之间将神经剪断，再以 0.5% $H_2SO_4$ 溶液刺激右侧趾端，观察结果。

（5）将浸泡过 1% $H_2SO_4$ 溶液的纸片贴于蛙的腹部皮肤，观察四肢反应。

（6）破坏脊髓：用探针插入脊蛙椎管，捣毁脊髓，重复上述第（5）步实验，观察四肢反应。

（7）以电脉冲刺激右侧坐骨神经外周端，观察同侧腿有无反应。

（8）以电脉冲直接刺激腓肠肌，观察肌肉有无反应。

**注意事项**

（1）剥脱脚趾皮肤要完全，若残留皮肤会影响实验结果。

（2）分离坐骨神经应尽量向上，并尽量剪断与其相连的分支。

**思考题**

（1）反射时的长短与哪些体内、体外因素有关？

（2）巴普洛夫将反射分为哪两种类型？各有何生理意义？

## 实验二　制备坐骨神经－腓肠肌标本

### 实验目的

学习　制备坐骨神经－腓肠肌标本的方法。

### 实验原理

蛙或蟾蜍等两栖类动物的一些基本生命活动和生理功能与温血动物相近，而其离体组织所需要的存活条件比较简单，易于控制和掌握。因此在实验中常用蟾蜍或蛙坐骨神经－腓肠肌标本来观察兴奋性、兴奋过程和刺激－反应的一些规律以及骨骼肌的收缩特点等。坐骨神经－腓肠肌标本的制备方法是生理实验中的一项基本操作技术。

### 实验对象

蟾蜍。

### 实验器材和药品

蛙类手术器械1套，蛙板，滴管，培养皿，任氏液，烧杯等。

### 标本制作方法

1. 破坏脑和脊髓　取蟾蜍1只，用自来水冲洗干净。用左手持蟾蜍。持法是掌心向上，蟾蜍背部向上。以食指和中指根部夹持蟾蜍前肢，以无名指和小指根部夹住后肢，以拇指指尖抵在枕骨大孔后缘，右手持刺蛙探针从枕骨大孔垂直刺入，然后向前刺入颅腔，左右搅动捣毁脑组织；然后左手拇指轻轻抵压在蟾蜍背上，使脊柱伸直，将探针退到枕骨大孔处（但不要退出体外），再转向后方，刺入椎管捣毁脊髓。此时若蟾蜍的四肢松软即表示脑脊髓已完全被破坏，否则应按上法再行捣毁脊髓（图2-1）。

2. 剪去躯干上部及内脏　左手握蟾蜍后肢，用拇指和食指持住骶骨，使蟾蜍头与内脏自然下垂，右手持组织剪，在骶髂关节水平以上0.5~1cm

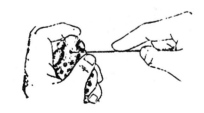

图2-1　破坏蟾蜍脑脊髓的方法

处剪断脊柱,沿两侧剪除一切内脏及头胸部(注意勿损伤坐骨神经),仅留下后肢、骶骨、脊柱及由它发出的坐骨神经(图2-2)。

3.剥皮 左手用镊子持脊柱断端(注意不要压伤神经),右手捏住皮肤断端,向下牵拉,剥掉全部后肢皮肤,将标本背面向上放在预先滴有任氏液的瓷砖上(图2-3)。

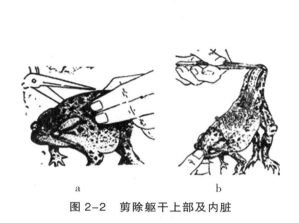 

a b
图2-2 剪除躯干上部及内脏 图2-3 剥皮

4.清洗器械 将手及用过的剪刀、探针等器械洗净,完成后面的步骤。

5.分离两腿 用组织镊从背腹两侧夹住脊柱,将标本尾部稍翘起,用组织剪由尾侧向头侧剪去向上突出的尾骨(注意勿损伤坐骨神经)。然后沿正中线,用组织剪将脊柱分为两半,并从耻骨联合中央剪开两侧大腿,这样两腿即完全分离。将两腿浸于任氏液中。

6.制作坐骨神经－腓肠肌标本 取一腿放于蛙板上。

(1)游离坐骨神经:先将标本腹面向上,用玻璃分针沿脊柱侧分离游离坐骨神经。将发出坐骨神经处的脊椎骨连同神经与周围的骨骼、肌肉离断,然后将标本背侧向上放置,把梨状肌及其附近的结缔组织剪断,再循坐骨神经沟(股二头肌及半膜肌之间的裂缝处)找出坐骨神经的大腿部分,用玻璃分针顺着神经走行方向小心剥离,然后左手持镊子提起连接着坐骨神经的脊椎骨,右手持眼科剪从脊柱根部开始向下分离坐骨神经,剪断所有神经分支,将神经一直游离至腘窝为止(图2-4)。

(2)完成坐骨神经－小腿标本:将游离干净的坐骨神经搭于腓肠肌上,在膝关节周围用粗剪剪掉大腿肌肉,并用粗剪将股骨刮干净,然后在股骨中部剪去上段股骨,即完成坐骨神经－小腿标本(图2-5a)。

(3)完成坐骨神经－腓肠肌标本:将上述坐骨神经－小腿标本在跟腱处穿线结扎后,在其外端剪断跟腱。游离腓肠肌至膝关节处。在膝关节以下,将小腿其余部分全部剪断,即制成坐骨神经－腓肠肌标本(图2-5b)。

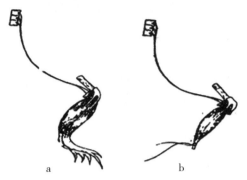

图 2-4　坐骨神经分离暴露后的位置　　　图 2-5　坐骨神经 – 小腿标本及坐骨神经 –
腓肠肌标本

7. 用锌铜弓检查标本　用锌铜弓两极接触坐骨神经，如腓肠肌发生明显而灵敏的收缩，则表示标本的兴奋性良好，即可将标本放在任氏液中，以做实验之用。

### 注意事项

（1）在制备标本时，避免用金属器械夹持神经干和腓肠肌。

（2）在分离神经时，注意认清神经在肌肉之间的走行，不要乱剪。周围的结缔组织要剥干净。

（3）在制备标本过程中，要随时用任氏液湿润神经和肌肉，以防止干燥。

（4）在制备标本过程中，不能使动物皮肤的分泌物和血液等污染神经和肌肉，更不能用自来水冲洗，以免影响组织的功能。

### 思考题

（1）通过制备坐骨神经 – 腓肠肌标本，您对生理学实验有何感想？

（2）损毁脑和脊髓后的蟾蜍或蛙有何表现？

## 实验三　刺激强度和刺激频率与骨骼肌收缩的关系

### 实验目的

观察　刺激强度与骨骼肌收缩之间的关系，刺激频率与骨骼肌收缩反应形式之间的关系。

## 实验原理

刺激引起组织兴奋必须具备 3 个条件，即刺激的强度、刺激的持续时间和强度 – 时间变化率。本实验是观察刺激强度和刺激频率与骨骼肌兴奋收缩的关系。兴奋性是指细胞在受刺激时产生动作电位的能力。肌肉组织具有兴奋性，受到刺激后会产生动作电位，发生反应，表现为肌肉收缩。引起组织发生反应的刺激应是适宜的有效刺激。刚能引起收缩反应的最小刺激强度称为阈强度，该刺激为阈刺激。就单条骨骼肌纤维而言，它对刺激的反应具有"全或无"的性质，而蟾蜍或蛙的腓肠肌内含有许多条骨骼肌纤维，它们的兴奋性不同，因而所需的阈刺激强度也不同。

如果刺激强度低于任何肌纤维的阈强度则没有动作电位产生，无收缩反应；当刺激强度增加到能引起少数肌纤维兴奋时，可产生较小的复合动作电位，记录到较低的肌肉收缩波形；继续增加刺激强度，兴奋的纤维数量增多；当刺激强度增加到使全部肌纤维兴奋时，复合动作电位幅度达到最大，肌肉收缩幅度亦达到最大；再增加刺激强度时，复合动作电位的幅度和肌肉收缩幅度都不会再增加。由此可见，整块肌肉对刺激的反应不表现出"全或无"，而是呈现出在一定范围内其收缩力与刺激强度成正比的关系，即随着阈上强度的不断增加，骨骼肌的收缩反应相应加大，直至出现最大反应。此时的最小刺激强度称为最适强度，该刺激为最适刺激。

在一定的刺激强度下，不同的刺激频率可使肌肉出现不同的收缩形式。如果刺激的间隔时间大于肌肉收缩的收缩期与舒张期之和时，刺激引起肌肉出现一连串的单收缩；随着刺激频率增加，刺激间隔时间缩短，如果刺激的间隔时间大于收缩期，但小于收缩期与舒张期之和时，则后一刺激引起的肌肉收缩落在前一刺激引起收缩过程的舒张期内，即出现锯齿状的不完全性强直收缩波；如果刺激的间隔时间小于收缩期，则后一刺激引起的肌肉收缩在前一刺激引起肌肉收缩的缩短期内，各次收缩可以融合而叠加，锯齿波消失，出现完全强直收缩。

## 实验对象

蟾蜍或蛙。

## 实验器材和药品

BL–420 生物功能实验系统，蛙类手术器械 1 套，保护电极，肌肉张力换能器，铁支架，双凹夹，林格液等。

📖 **实验步骤**

本实验有两种方法：

1. 在体记录坐骨神经-腓肠肌实验的方法

（1）破坏脑和脊髓：取蟾蜍（或蛙）1只，用自来水冲洗干净后用纱布包裹全身，仅露头部。以左手环指和小指夹住蟾蜍的后肢，中指抵住蟾蜍的前肢，拇指抵住背，食指抵住头并使其向下弯曲。右手持刺蛙探针从枕骨大孔垂直刺入，向前刺入颅腔，左右搅动捣毁脑组织。然后将刺蛙针退至皮下，倒转针尖向下刺入椎管，捣毁脊髓，直到蟾蜍四肢松软即可。

（2）清洗蟾蜍和实验者双手，将蟾蜍俯卧，四肢固定在蛙板上。在一大腿背侧稍内纵向剪开皮肤约 1.0cm，用玻璃分针沿坐骨神经沟分离出坐骨神经后，穿一条线备用（已用林格液浸湿的长约 3.0cm 的手术线）。同侧小腿腓肠肌跟腱处环行剪开皮肤约 0.5cm，稍微游离跟腱并扎一长约 10cm 的手术线后，在结扎线下方沿足掌处离断跟腱。

（3）将肌张力换能器用双凹夹固定在铁支架底部，将结扎于跟腱的手术线水平连接于肌张力换能器上，轻移蛙板，使线有一定张力。将肌张力换能器与计算机的输入通道连接。用玻璃分针轻轻提起坐骨神经，置于保护电极上；保护电极固定在铁支架上，并与计算机程控刺激输出连接。

2. 离体坐骨神经-腓肠肌标本制备的方法（见实验二）

📖 **仪器的安装和连接**

分别将张力换能器、肌槽和刺激电极固定于铁支架上。将坐骨神经-腓肠肌标本的股骨固定于肌槽上，坐骨神经搭在刺激电极上，跟腱通过丝线缚于张力换能器上，使肌肉处于自然拉长状态（连接方法见图3-1）。连接并调试 BL-420 生物功能实验系统。

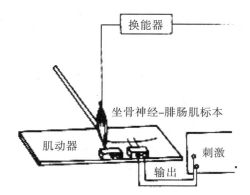

图 3-1　骨骼肌单收缩和复合收缩的实验装置

📖 **观察项目**

1. 刺激强度和肌肉收缩的关系　打开计算机进入 BL-420 生物功能实验系统，在菜单栏找到"实验项目"菜单项，当选中"肌肉神经实验"时，则会向右弹出具体实验的子菜单。选定"刺激强度与反应的关系"项，如图 3-2a 所示。根据实验需要选择参数如图 3-2b 所示。实验方式最好选择程控（非程控时，每一次刺激都要重新设置刺激强度，然后按启动刺激后才有刺激输出）。刺激方式为单刺激。

　　观察屏幕信息显示：用弱刺激开始，肌肉无收缩反应，随着刺激强度的加大，当刺激电压刚好能使肌肉收缩时，屏幕开始出现微弱的收缩波形，此时对应的电压强度值即为阈强度或阈值。此前未产生收缩波的刺激电压为阈下刺激。继续增加刺激强度，肌肉收缩幅度随之加大，直至观察到 3 个以上收缩幅度不再随刺激强度发生改变的波形时，则第一个波形对应的电压值即为最大刺激强度，此刺激即为最大刺激。可根据结果调节填入程控刺激器的参数（主要是起始刺激强度、刺激强度增量的设置），以期把图形做得满意。实验结果如图 3-2c 所示。

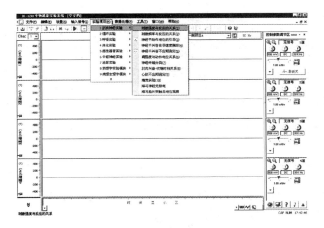

a. 实验项目的选择

b. 刺激强度与反应关系参数设定

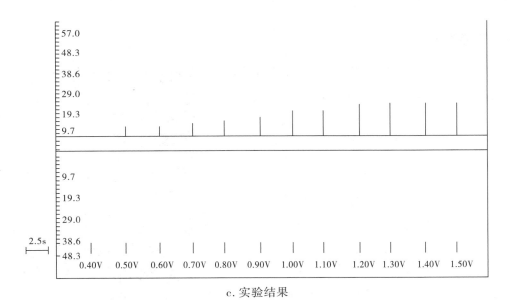

c. 实验结果

**图 3-2　刺激强度与肌肉收缩的关系**

2.刺激频率与骨骼肌收缩反应  实验装置和系统连接如图3-3所示。

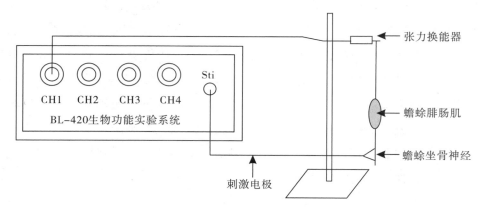

张力换能器

蟾蜍腓肠肌

蟾蜍坐骨神经

刺激电极

图 3-3　骨骼肌的单收缩和强直收缩示意图

肌肉的单收缩和强直收缩：在"实验项目"菜单中选定"刺激频率与反应的关系"项，出现对话框后选择现代或经典实验，填入合适的数据后便进入实验的监视。经典实验是指以对话框中设置的刺激强度、频率进行刺激，只画出三组图形；现代实验是指刺激强度不变，每次刺激频率递增量按设置的量一次次递加，画出许多组图形。刺激方式为连续刺激。

观察生物信号显示：选择的实验类型不同（经典实验或现代实验），将记录出不同形式的实验结果。可根据图形调节填入对话框的数据。经典实验主要是调节三种收缩的刺激频率（Hz）和刺激强度（V），现代实验主要是刺激强度、刺激频率增量，即频率阶梯的设置。

📖 实验步骤

（1）选择"实验项目"→"肌肉神经实验"→"刺激频率与反应的关系"实验模块，此时将弹出"设置刺激频率与反应关系实验参数"对话框，选择相应参数如图3-4所示，单击"经典实验"按钮开始实验。

（2）刺激强度和频率视标本而定，一般可选用2.0V的刺激强度，频率为1Hz、6Hz、20Hz三种。

（3）如果选择"经典实验"按钮，则BL-420生物功能实验系统将自动产生1Hz、6Hz、

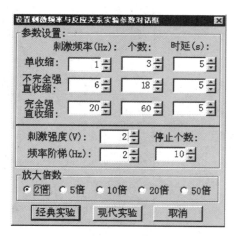

图 3-4　设置刺激频率与反应关系
实验参数对话框

20Hz 的串刺激（也可以在对话框中自行设置这三种串刺激的刺激频率），引起肌肉的单收缩、不完全强直收缩和完全强直收缩。实验图形就会比较理想，即记录出几个单收缩曲线和一段不完全强直收缩及完全强直收缩曲线（图 3-5）。

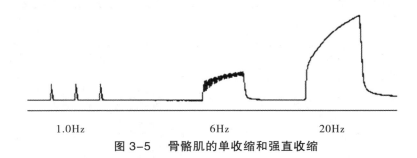

1.0Hz　　　　　　　6Hz　　　　　20Hz

图 3-5　　骨骼肌的单收缩和强直收缩

（4）如果选择"现代实验"，则 BL-420 生物功能实验系统将产生刺激频率不断增长的串刺激。

（5）单击工具条上的"停止"实验按钮（ ■ ）停止实验。

**注意事项**

（1）随时用任氏液湿润标本，以保持其良好的兴奋性，避免用手指和金属器械接触和夹持标本。

（2）随时注意刺激电极与神经的良好接触，尤其是在实验时要防止只有一根电极接触的情况。

（3）可以自行调节串刺激的刺激频率，如果强直收缩的张力较大，需要降低放大倍数。

（4）单刺激或连续刺激后，让肌肉短暂休息，以免神经肌肉疲劳。每次连续刺激一般不要超过 3~4s，以防神经 - 肌肉标本疲劳。每一段刺激后应有一定的休息时间。

（5）可以刺激坐骨神经引起腓肠肌收缩，也可以直接刺激腓肠肌而使它产生收缩，不过，直接刺激肌肉需要更大的刺激强度。

**思考题**

（1）从刺激神经开始，到肌肉出现收缩为止，标本发生了哪些生理变化？

（2）记录肌肉的强直收缩时，若同时记录肌肉的动作电位，其是否也会融合？

<br>

**实验四 红细胞的渗透脆性**

**实验目的**

1. 学会 测定红细胞渗透脆性的方法和配制不同浓度的 NaCl 溶液。
2. 观察 红细胞在不同浓度 NaCl 溶液中的形态变化。

**实验原理**

溶液的渗透压对维持细胞的正常形态与功能具有重要作用。在等渗溶液中红细胞的形态和容积保持不变，而在低渗溶液中，水分则进入红细胞使之膨胀甚至破裂溶血。将血液滴入不同浓度的低渗盐溶液中，可检查红细胞膜对于低渗盐溶液抵抗力的大小。开始出现溶血现象的低渗盐溶液浓度，为该血液红细胞的最小抵抗力（正常为 0.40% ~ 0.45% NaCl 溶液），即最大脆性值；出现完全溶血时的低渗盐溶液浓度，则为该血液红细胞的最大抵抗力（正常为 0.30% ~ 0.35% NaCl 溶液），即最小脆性值。对低渗盐溶液的抵抗力小表示红细胞的脆性大，反之表示脆性小。

**实验对象**

家兔。

**实验用品**

小试管及试管架，滴管，2ml 注射器，1% NaCl 溶液，蒸馏水等。

**实验步骤**

1. 溶液配制 取小试管 10 支，编号排列在试管架上，按要求配制 10 种浓度的低渗盐溶液（表 4-1）。

2. 制备抗凝血 用灭菌干燥的 2ml 注射器，从兔的耳缘静脉取血 1ml，放入加有抗凝剂的试管中，制备成抗凝血，然后向每个已编号的试管内注入 1 滴血液，轻轻颠倒，将血液与 NaCl 溶液充分混匀，切忌用力振摇，在室温下静置 30min。

3. 观察结果 根据各管混合液的颜色和混浊度的不同，判断最大脆性和最小脆性。

（1）未发生溶血的试管：液体下层为混浊红色，上层为无色，表明无红细胞破裂。

表 4-1　10 种浓度的低渗盐溶液的配制

| 试管编号<br>试剂 | 1 | 2 | 3 | 4 | 5 | 6 | 7 | 8 | 9 | 10 |
|---|---|---|---|---|---|---|---|---|---|---|
| 1% NaCl 溶液（ml） | 1.40 | 1.30 | 1.20 | 1.10 | 1.00 | 0.90 | 0.80 | 0.70 | 0.60 | 0.50 |
| 蒸馏水 | 0.60 | 0.70 | 0.80 | 0.90 | 1.00 | 1.10 | 1.20 | 1.30 | 1.40 | 1.50 |
| NaCl 溶液浓度（%） | 0.70 | 0.65 | 0.60 | 0.55 | 0.50 | 0.45 | 0.40 | 0.35 | 0.30 | 0.25 |

（2）部分溶血的试管：液体下层为混浊红色，而上层出现透明红色，表明部分红细胞已破裂，称为不完全溶血。开始出现不完全溶血的最大低渗盐溶液浓度，即为红细胞的最小抵抗力，也就是红细胞的最大脆性。

（3）全部溶血的试管：液体完全变成透明红色，表明红细胞完全破裂，称为完全溶血。出现完全溶血的最小低渗盐溶液浓度，即为红细胞的最大抵抗力，也就是红细胞的最小脆性。

### 注意事项

（1）配制不同浓度的低渗盐溶液时，小试管的口径与大小应一致，要求所吸 1%NaCl 溶液和蒸馏水的量要准确，以免造成浓度误差。

（2）向试管内滴加血液时持针角度应一致，靠近液面轻轻滴入溶液中，以保证每管所加血量相同，避免血滴冲击力太大使红细胞破损而造成溶血的假象。每支试管只加 1 滴血液。

（3）混匀时，用手指堵住试管口，轻轻倾倒 1~2 次，切勿剧烈振荡，避免人为原因造成溶血。

（4）仔细观察，正确判断开始出现溶血的低渗盐溶液的浓度。

### 思考题

在临床上进行外科手术时用温热的生理盐水纱布按压出血部位止血的机制是什么？

## 实验五　血液凝固及影响血液凝固的因素

### 实验目的

1. 观察　血液凝固和所需时间。

2. 了解  血液凝固的基本过程和促凝、抗凝因素的作用机制。

### 实验原理

血液凝固是一系列循序发生的酶促反应过程，其中有许多凝血因子参与。依据凝血因子启动途径的不同，常将血液凝固过程分为内源性凝血和外源性凝血。前者是指参与凝血过程的全部物质存在于血浆之中，后者在凝血过程中则有血管以外的凝血因子共同参与。由于两者反应步骤和凝血因子不同，故所需时间也不同。

在正常情况下血液中有凝血机制，也存在抗凝血因素。如果去掉某些凝血因子或降低、消除其活性，可阻止或延缓血液凝固；使某些凝血因子增多或活性增加，则能加速血液凝固。

血液凝固的本质是生物化学反应过程，故可受某些理化因素的影响。

### 实验对象

家兔。

### 实验用品

用草酸盐制备的抗凝血液和血浆，血清，试管，试管架，滴管，吸管，烧杯，水浴槽，冰块，棉花，秒表，液状石蜡，兔脑浸出液，3% $CaCl_2$ 溶液，0.9% NaCl 溶液，3% NaCl 溶液，肝素，柠檬酸钠等。

### 实验步骤

（1）制备抗凝血液和血浆（见实验四），制备兔脑浸出液（富含组织因子）。

（2）取试管 4 支，编号，放置在试管架上，按表 5-1 加入各种液体，其中 3% $CaCl_2$ 溶液应在最后加入并立即混匀，记下时间。然后每隔 20s 将试管倾斜一次，若液

表 5-1  血液凝固实验操作

| 试管编号 / 试剂 | 1 | 2 | 3 | 4 |
|---|---|---|---|---|
| 血浆（ml） | 0.5 | 0.5 | 0.5 | |
| 血清（ml） | | | | 0.5 |
| 3%NaCl 溶液 | 2 滴 | | | |
| 0.9%NaCl 溶液 | 2 滴 | 2 滴 | | |
| 兔脑浸出液 | | | 2 滴 | 2 滴 |
| 3%$CaCl_2$ 溶液 | | 2 滴 | 2 滴 | 2 滴 |
| 凝固时间（min） | | | | |

面不随着倾斜，则表示已凝固，分别记录各管血液是否发生了凝固及血液凝固的时间。

（3）用吸管取抗凝血液，分别加入表 5-2 所列的 6 支试管中，各 1ml。并加 3% $CaCl_2$ 溶液 2 滴，混匀后每隔 20s 倾斜试管一次，观察试管内血液是否发生凝固，记录血液凝固的时间并解释其原因。

表 5-2　影响血液凝固的因素

| 试管编号 | 实验条件 | 凝血时间 |
|---|---|---|
| 1 | 置棉花少许 | |
| 2 | 放液状石蜡润滑试管内表面 | |
| 3 | 加血后试管置于 37℃水浴箱中 | |
| 4 | 加血后试管置于冰块间 | |
| 5 | 放肝素 8U，加血后摇匀 | |
| 6 | 放柠檬酸钠 3mg，加血后摇匀 | |

📖✏ **注意事项**

（1）试管口径的大小应一致，在血量相同的情况下，口径太大凝血慢，口径太小凝血快。

（2）各试管所加内容物的量要准确，血浆或 $CaCl_2$ 的量过少，研磨组织液的浓度过稀，均会影响血液凝固。

**注**：兔脑浸出液的制备：取兔脑，剥去血管和脑膜，称重，在乳钵中研碎。按每克脑组织加 10ml 0.9%NaCl 溶液的比例配制液体，混匀后离心。取上清液置冰箱中备用。

📖✏ **思 考 题**

（1）分析本实验中每一项实验结果产生的原因。

（2）不发生凝固的试管能否恢复凝血？

**实验六　ABO 血型的鉴定**

📖✏ **实验目的**

学会　用玻片法鉴定 ABO 血型。

## 实验原理

血型是指红细胞膜上特异性抗原的类型。红细胞膜上的 A 抗原与血清中的抗 A 抗体相遇或 B 抗原与抗 B 抗体相遇会发生红细胞凝集反应。故可利用已知含抗 A 抗体（B 型标准血清）和抗 B 抗体（A 型标准血清）的诊断血清，分别与被测者的红细胞混合，根据是否发生红细胞凝集反应，检查红细胞上的未知抗原，从而鉴定 ABO 血型。

## 实验对象

人。

## 实验用品

人抗 A 诊断血清，人抗 B 诊断血清，血型鉴定专用纸片，一次性采血针，滴管，小试管，竹签，0.9%NaCl 溶液，75% 酒精棉球，低倍显微镜等。

## 实验步骤

（1）取干净的血型鉴定专用纸片一张，用笔在两端分别标明"抗 A"、"抗 B"字样。

（2）在标明"抗 A"侧滴加抗 A 诊断血清 1 滴，标明"抗 B"侧滴加抗 B 诊断血清 1 滴。

（3）用 75% 酒精棉球消毒耳垂或指端后，用一次性采血针刺破皮肤，使其自然流出血液。

（4）用竹签的两头分别蘸取血液，在血型鉴定专用纸片的抗 A、抗 B 诊断血清中分别用竹签使其充分混匀。放置 10~15min 后用肉眼观察有无凝集现象，肉眼不易分辨者可用低倍显微镜观察。

（5）根据有无凝集现象判定血型（图 6-1）。

## 注意事项

（1）一次性采血针单人自用，采血部位必须严格消毒，以防感染。

（2）制备的红细胞混悬液不能过浓或过稀，以免造成假结果。

（3）滴标准血清的滴管和做混匀用的竹签各 2 只（根），专用，搅动血清时切不可使抗 A、抗 B 两种血清发生混合。

（4）注意区别凝集现象与红细胞沉淀。发生红细胞凝集时，肉眼观察呈深红色颗粒，且液

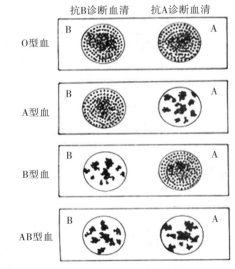

图 6-1　血型的判定方法

体变得清亮。

思 考 题

（1）如何根据凝集现象判定血型？血型的种类和分型原则是什么？

（2）如无标准血清，仅知某人的血型是 A 型，可否用这一条件鉴定他人血型？为什么？

## 实验七　蛙心搏动的观察及起搏点的分析

### 实验目的

1. 观察　正常蛙心搏动的顺序以及额外刺激对心脏收缩的影响。
2. 分析　蛙心起搏点部位，验证心脏自律性的等级性。

### 实验原理

心脏发生一次兴奋后，其兴奋性会发生一系列周期性变化。心脏兴奋性变化的特点是兴奋后的有效不应期较长，占据整个收缩期和舒张早期。在心动周期的不同时期内给予额外刺激，或无反应而心律不变，或引起期前收缩，期前收缩后通常出现一个代偿间歇。

心脏特殊传导系统不同部位的自律性高低不同，正常起搏点是自律性最高的窦房结。蛙心的起搏点位于静脉窦，结扎不同部位观察心跳变化可以得到证明。

### 实验对象

蛙或蟾蜍。

### 实验用品

蛙类手术器械 1 套，张力换能器，蛙心夹，铁支架，小试管，任氏液，丝线，BL–420 生物功能实验系统等。

### 实验准备

（1）暴露心脏取蛙 1 只，用金属探针通过枕骨大孔损毁脑和脊髓后，背位固定于蛙板上。左手持有齿镊提起胸骨剑突下端的皮肤，用手术剪剪开一个小口，然后将剪刀由切口处伸入皮下，沿左、右两侧锁骨方向剪开皮肤。将皮肤掀向头端，再用有齿镊提起胸骨剑突下端的腹肌，在腹肌上剪一口，将剪刀伸入胸腔（勿伤及心脏和血管），沿皮肤切口方向剪开胸壁，剪断左右鸟喙骨和锁骨，使创口呈一倒三角形。用眼科镊提起心包膜，用眼科剪刀小心地剪开心包膜，暴露心脏。心脏结构如图7-1所示。

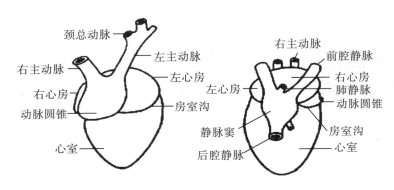

图 7-1　蛙心的外观结构

（2）观察心脏的外部结构。从心脏的腹面可看到心房、心室及房室沟。心室右上方动脉根部有一膨大，称动脉球。动脉干由此发出，向上分成左右两支。用玻璃分针将心脏翻向头侧，可见心房下端有节律搏动的静脉窦。在心房与静脉窦之间有一条白色半月形界线，称为窦房沟。

📝 **实验步骤**

（1）识别蛙心静脉窦、心房、心室，观察其跳动顺序并分别记录它们的频率。

（2）用盛有35~40℃热水的试管分别靠近心室、心房、静脉窦，观察其收缩的变化。

（3）用丝线在静脉窦和心房之间（窦房沟）结扎（斯氏第一结扎），以阻断兴奋在静脉窦与心房之间的传导。观察静脉窦、心房、心室的搏动情况，注意静脉窦是否仍正常跳动，并记录其频率。

（4）待心房、心室恢复搏动后，记录其频率。然后在心房和心室交界处（房室沟）结扎（斯氏第二结扎），观察心脏各部搏动情况，记录其频率。

（5）待心室恢复搏动，记录其频率。

（6）用蛙心夹在心室舒张时夹住心尖，提起蛙心，将系于蛙心夹上的线连在张力换能器上。

（7）按图7-2所示连接张力换能器到BL-420生物功能实验系统。

（8）打开电脑桌面上的 BL-420 生物功能实验系统，在界面上找到菜单栏。

（9）选择"输入信号"→"1 通道"→"张力"命令，单击工具条上的"开始"按钮（ ▶ ）开始实验（图 7-3）。

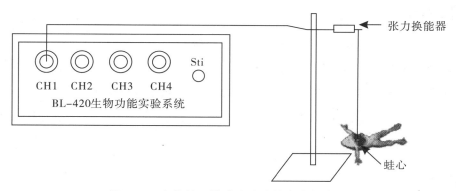

图 7-2 在体蛙心搏动实验连接方式示意图

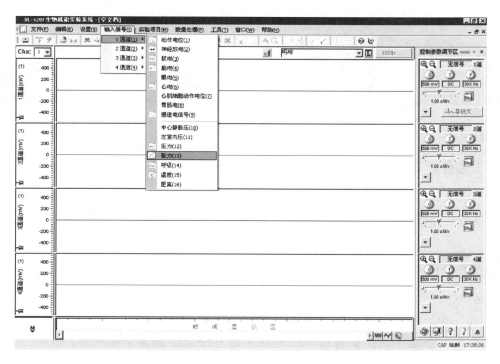

图 7-3 蛙心搏动描记的波形

（10）用适当强度的单脉冲分别在心收缩期和心舒张期刺激心脏，观察其收缩的变化。

（11）单击工具条上的"停止"按钮（ ■ ）停止实验。

### 注意事项

（1）在实验过程中应经常用任氏液润湿心脏。

（2）蛙心夹夹住心尖部不宜过大，防止夹破心室。

（3）用小试管局部加温时，位置要准确，接触面不宜过大，时间不宜过长。

（4）在沿窦房沟结扎时，结扎线应尽量靠近心房端，以确保心房侧无静脉窦组织残留。

### 思 考 题

怎么证明两栖类动物心脏的起搏点是静脉窦？

## 实验八　人体心电图描记

### 实验目的

1. 了解　临床上常用的导联种类及其引导电极放置的部位，心电图波形的测量方法。
2. 学习　辨认正常心电波形，初步学会心电图描记步骤。

### 实验原理

在心脏收缩之前，先产生兴奋，正常由窦房结产生的兴奋是按一定的顺序传遍整个心脏的。在兴奋传播的过程中出现一系列规律性的电位变化，这种变化可通过体内组织和体液传导到体表，把从体表引出的此种电位变化描记下来即为心电图。心电图反映了心脏动作电位的产生、传播以及复极过程中的变化。由于引导电极安放的部位不同，心电图的波形不完全一致，但基本波形都是由 P 波、QRS 波群和 T 波组成的。

### 实验对象

人。

📖✏️ **实验用品**

心电图机，检查床，分规，导电膏，75%酒精棉球，0.9%NaCl溶液，生理盐水棉球，BL-420生物功能实验系统等。

📖✏️ **实验准备**

（1）将心电图机接通电源，联好地线，预热5min。

（2）让受试者静卧检查床上，肌肉放松。用75%酒精棉球擦拭受试者前臂屈侧腕关节上方和内踝上方，涂导电膏或0.9%NaCl溶液，再将电极固定于肢体上。

（3）连接导联线：按规定，红色—右手，黄色—左手，绿色—左足，黑色—右足，白色—胸壁。

$V_1$——胸骨右缘第4肋间，$V_2$——胸骨左缘第4肋间，$V_4$——左锁骨中线第5肋间，$V_3$——$V_2$、$V_4$连线中点，$V_5$——左腋前线$V_4$水平，$V_6$——左腋中线$V_4$水平。

（4）校正输入信号电压放大倍数。1mV标准电压使描笔振幅恰好为10mm（10小格）。走纸速度设置为25mm/s。

📖✏️ **实验步骤**

（1）用导联选择旋钮描记标准肢体导联Ⅰ、Ⅱ、Ⅲ，单肢加压导联aVR、aVL、aVF和胸导联$V_1$~$V_6$。了解心电图各导联描记的方法。

（2）分析心电图

1）辨认波形：在心电图上辨认出P波、QRS波群、T波、P-R间期、ST段、Q-T间期。

2）测量波幅和持续时间：心电图纸上的纵坐标表示电压，每小格为1mm，代表0.1mV。

测量波形时，向上的波用分规从基线上缘量至波峰顶点，向下的波则从基线下缘量至波谷底点。横坐标表示时间，纸速为25mm/s时，每小格为1mm，代表0.04s，每五小格为一中格（0.2s），五中格为一大格（1s）。持续时间的测量是向上的波在基线下缘进行测量，向下的波在基线上缘进行测量。

选用Ⅱ导联，对其P波、QRS波群、T波、P-R间期、Q-T间期分别进行测量（图8-1）。

3）测定心率：测量相邻两个心动周期的R-R间期（或P-P间期）所经历的时间，列公式计算。心率=60/R-R间期（/min），求出心率。如果心律不齐，R-R间期不等，可连续测量5个R-R间期算出平均值，再代入公式。心电图中最大的R-R间期与最小的R-R间期相差大于0.12s，称为心律不齐。

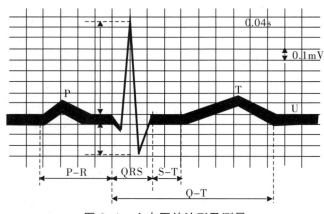

图 8-1　心电图的波形及测量

📖 注意事项

（1）描记心电图时，受检者的呼吸应保持平稳，肌肉一定要放松，避免肌肉颤动而出现干扰；引导电极与皮肤应紧密接触，以防基线飘移和干扰。

（2）在变换导联时，必须将输入开关关上，再转动导联选择旋钮。

（3）记录完毕后，先切断电源，将电极擦净，将各旋钮转回关的位置。

附　用 BL-420 生物功能实验系统做人体心电图的描记

📖 操作步骤

（1）按图 8-2 方式连接仪器，黑色的引导电极末端有三条分离的引导线，其中黑色为地线，白色和红色为引导极。具体的连接方法为：白色引导极连接到右前臂屈侧腕关节上方，红色引导极接左脚内踝上方，黑色地线接右脚内踝上方。

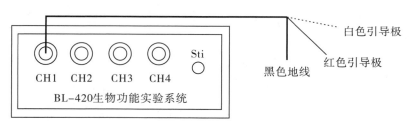

图 8-2　人体心电图连接方式示意图

（2）选择"输入信号"→"1 通道"→"心电"信号，单击工具条上的"开始"按钮（▶）开始实验（图 8-3）。

（3）将 F 旋钮（滤波）调节到 30Hz，等待输入信号稳定一段时间后，显示通道中将出现人体的标准Ⅱ导联心电图。

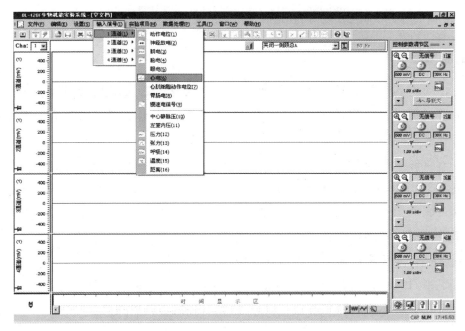

图 8-3　人体心电图描记操作界面

（4）单击工具条上的"停止"按钮（■）停止实验。

📖✏ **注意事项**

（1）在做人体心电图时应注意安全，防止计算机漏电伤人。

（2）人体心电的频率较低，所以滤波参数可调节至30Hz（默认设置为100Hz），如果做大鼠的心电图，由于频率较高，则需要将滤波设定在100Hz或以上。

（3）如果使用专用的人体肢体心电夹，并在心电夹金属与人体皮肤接触处擦拭少许0.9%NaCl溶液，则可以获得较好的波形。

📖✏ **思考题**

心电图与心室肌细胞动作电位有何区别与联系？

## 实验九　人体心音听诊

📖✏ **实验目的**

1. 掌握　第一心音和第二心音的成因和特点。

2.学习　心音听诊的方法和部位，分辨第一心音与第二心音。

**实验原理**

每一心动周期包括收缩期和舒张期。心音主要是由心脏瓣膜关闭和心脏收缩、血液湍流引起的振动所发出的声音。经过心脏周围组织传至胸壁，用听诊器能在胸壁前听到。在一个心动周期内，经常可以听到两个心音，即第一心音和第二心音。

1.第一心音　音调较低（音频为 40~60Hz/s）而历时较长（0.12s），声音较响，是由房室瓣关闭和心室肌收缩振动所产生的。由于房室瓣的关闭与心室肌的收缩几乎同时发生，因此第一心音是心室收缩的标志，其响度和性质的变化常可反映心室肌收缩强弱和房室瓣的功能状态。

2.第二心音　音调较高（音频为 60~100Hz/s）而历时较短（0.08s），声音较清脆，主要是由于半月瓣关闭产生振动造成的。由于半月瓣关闭与心室舒张几乎同时发生，因此，第二心音是心室舒张的标志，其响度常可反映动脉压的高低。

**实验对象**

人。

**实验用品**

听诊器等。

**实验步骤**

1.戴听诊器　听诊器的耳端应与外耳道开口方向一致（斜向前方）。

2.确定听诊部位

（1）受检者坐在检查者对面，解开上衣。仔细观察（或用手触诊）受检者心尖冲动的位置与范围。

（2）找准心音听诊部位（图 9-1）。

①二尖瓣听诊区：左锁骨中线第 5 肋间稍内侧（心尖部）。

②三尖瓣听诊区：胸骨右缘第 4 肋间或剑突下。

③主动脉瓣听诊区：胸骨右缘第 2 肋间为第一听诊区；主动脉瓣第二听诊区在胸骨左缘第 3 肋间，主动脉瓣闭锁不全时，在该处可听见杂音。

④肺动脉瓣听诊区：胸骨左缘第 2 肋间。

注意：各瓣膜听诊部位与其解剖投影部位不尽相同，这是声音传递造成的变化。

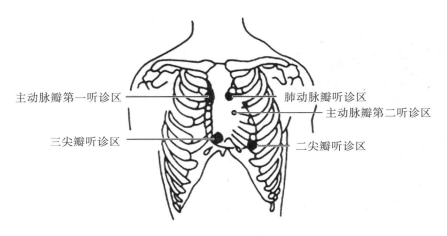

主动脉瓣第一听诊区　　　肺动脉瓣听诊区

主动脉瓣第二听诊区

三尖瓣听诊区　　　二尖瓣听诊区

**图 9-1　心音听诊部位**

3. 听取心音

（1）戴听诊器：用右手拇指、食指和中指持听诊器的胸器，紧贴受检者胸壁皮肤，依次（二尖瓣听诊区→主动脉瓣听诊区→肺动脉瓣听诊区→三尖瓣听诊区） 听取心音，并根据第一、二心音特征，仔细加以辨别。

（2）听诊内容

①心率：正常成人心率为 60~100/min。

②心律：正常成人心脏节律整齐。

（3）心音的区分方法

①心音：可听到第一心音与第二心音，根据两个心音在音调、响度、持续时间和时间间隔方面的差别，注意区分两种心音。

②如难以区分两种心音，可用左手手指触诊心尖冲动或颈动脉脉搏，当搏动触及手指时所听到的心音即为第一心音。然后再根据音调高低、历时长短鉴别两种心音，直至准确识别为止。

📖✏ 注意事项

（1）实验室内必须保持安静，以利听诊。

（2）正确佩戴听诊器。听诊器的橡皮管不得相互接触、打结或与其他物体接触，以免发生摩擦音，影响听诊。

（3）如果呼吸音影响心音听诊，可让受检者屏住呼吸，以便检查者能听清心音。

📖✏ 思 考 题

根据听取心音的特点，说明两种心音分别代表心动周期中的哪个期？

## 实验十　人体动脉血压的测量及运动对血压的影响

### 实验目的

1. 了解　血压计的主要结构。
2. 学会　间接测量人体动脉血压的方法。
3. 观察　运动前后血压的变化，加深对影响血压因素的理解。

### 实验原理

　　动脉血压是指血流对动脉管壁的侧压强。人体动脉血压是用血压计与听诊器测量的。测量人体动脉血压最常用的方法是间接测量上臂肱动脉的血压。即用血压计的袖带在肱动脉外加压，根据血管音的变化来测量血压。血液在血管内顺畅流动时通常是没有声音的，若果血流经过狭窄处形成涡流，则可发出声音。测量动脉血压是用充气袖带压闭动脉，阻断血流，然后逐渐放气。当缠缚于上臂的袖带内的压力超过收缩压时，完全阻断了肱动脉内的血流，从置于肱动脉远端的听诊器中听不到任何声音，也触不到桡动脉的脉搏。若慢慢降低袖带内压，当其压力低于收缩压而高于舒张压时，血液将断断续续地流过受压迫的血管，形成涡流而发出声音，此时即可在肱动脉远端听到声音，且随着袖带内压的降低声音逐渐增强，亦可触到桡动脉搏动。如果继续降压，以致袖带内压等于舒张压时，则血管内血流由断断续续变为连续，声音突然由强变弱或消失。因此，刚能听到声音时的袖带内压相当于收缩压；而声音突变或消失时的袖带内压则相当于舒张压。正常成年人在安静时，收缩压为 90~140mmHg，舒张压为 60~90mmHg。

### 实验对象

　　人。

### 实验用品

　　血压计，听诊器等。

📖 **实验准备**

（1）熟悉血压计的结构：常用的水银血压计由三部分组成：①检压计。检压计是一个标有 mmHg（或 kPa）刻度的玻璃管，上端通大气，下端与水银储槽相通。备用时水银柱液面应与 0 刻度平齐。②袖带。袖带是一个外面包有布套的长方形橡皮囊，借橡皮管分别与水银槽及打气球相通。③打气球。打气球是一带有螺帽的橡皮球，内有活门。螺帽拧紧时可向橡皮囊内充气，拧松时可以放气。

（2）令受试者脱去一臂衣袖静坐桌旁 5min 以上。将裸露的前臂平放在桌上，手掌向上，使前臂与心脏处于同一水平。

（3）将检压计与水银槽之间的旋钮旋至开的位置。

（4）松开打气球的螺帽，驱出袖带内的残气，再拧紧螺帽。然后将袖带缠于该上臂，袖带下缘应高于肘关节约 2cm，松紧适度。

（5）将听诊器两耳器塞入耳道，务必使耳器的弯曲方向与外耳道一致。

（6）用手指在受试者肘窝内侧触及肱动脉脉搏，用左手持听诊器的胸器放置在上面（图 10-1）。

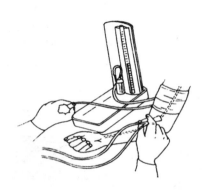

**图 10-1　人体动脉血压测量**

📖 **实验步骤**

（1）测量收缩压：用手压动打气球将空气打入袖带内，使检压计上的水银柱上升到 21kPa（160mmHg）左右，或使水银柱上升到听诊器听不见血管音后再继续打气，使水银柱再上升 2.67kPa（20mmHg）为止，随即缓慢松开螺帽（不可松开过多），徐徐放气，逐渐降低袖带内压力，使水银柱缓慢下降，同时仔细听诊，当听见嘣嘣样第一声动脉音时，检压计上所示水银柱刻度即为收缩压。

（2）测量舒张压：继续缓慢放气，声音逐渐增强，而后突然变弱，最后消失。声音由强突然变弱这一瞬间，检压计上所示水银柱刻度，代表舒张压。

（3）如果认为所测数值准确，则以一次测量为准。如认为数值不准确，可重测。测量前，水银柱必须放至零刻度。

（4）运动后重新测量血压。

注：血压记录格式：收缩压/舒张压（mmHg）。

📖 **注意事项**

（1）室内保持安静，以利于听取声音。

（2）受检者右心房、上臂与检压计应保持同一水平面；袖带要松紧适度，听诊器胸器压在肱动脉上亦要松紧适宜，不可用力压迫动脉。

（3）避免听诊器胶管与袖带胶管接触，减少摩擦音的产生。

（4）动脉血压通常可连续测量两次，但必须间隔 3~5min。重复测定前必须使袖带内的压力降到零位。一般取两次较为接近的数值为准。

（5）发现血压超出正常范围时，应让被测者休息 10min 后复测。

（6）测量完毕，应将检压计与水银槽之间的旋钮旋至关的位置，妥当收放血压计内物件，注意勿压断玻璃刻度管。

## 思 考 题

（1）测量肱动脉血压时为什么上臂中心应与心脏在同一水平？

（2）测量血压时，听诊器为什么不能放在袖带底下？

（3）影响动脉血压的因素有哪些？

## 实验十一　哺乳动物心血管活动的调节

## 实验目的

1. 学习　哺乳动物血压的直接测量方法。

2. 观察　迷走神经、减压神经、肾上腺素、血容量等因素对血压的影响。

3. 分析　若干神经及体液因素对动脉血压的调节作用，书写实验报告。

## 实验原理

动脉血压是心血管活动的指标，在正常情况下人和哺乳动物的动脉血压恒定于一定范围内，这种相对恒定的维持主要是神经调节和体液调节的结果。神经调节主要通过各种心血管反射实现，其中较重要的反射是颈动脉窦和主动脉弓压力感受器反射（减压反射）。

本实验通过改变流经颈总动脉血量，引起颈动脉窦压力感受器所受牵张刺激发生改变来观察该反射对血压的调节作用；通过电刺激方法来观察该反射传入神经和传出神经的作用。通过静脉注入肾上腺素、去甲肾上腺素观察体液因素对心血管活动的调节作用。

家兔。

哺乳动物手术器材 1 套，压力换能器，记纹鼓，水银检压计，动脉夹，三通管，BL-420 生物功能实验系统，有色丝线，纱布，棉花，20% 氨基甲酸乙酯（或 5% 戊巴比妥钠），0.5% 肝素生理盐水（或 5% 柠檬酸钠），1∶10 000 肾上腺素，1∶10 000 去甲肾上腺素，小手电筒等。

1. 仪器安装　如图 11-1 所示，将血压换能器头端的两个小管各与三通管连接，三通管 B 连接塑料动脉插管。转动旋柄，使换能器通过动脉插管与大气相通。用注射器将 0.5% 肝素生理盐水通过三通管 A 缓慢注入换能器和动脉插管，直到空气排净，关闭三通管 A。记纹鼓与水银柱检压计等装置的连接见图 11-2。

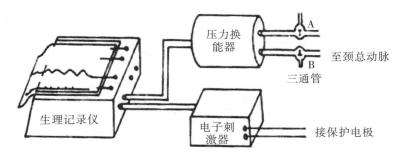

图 11-1　生理记录仪与压力换能器等装置的连接

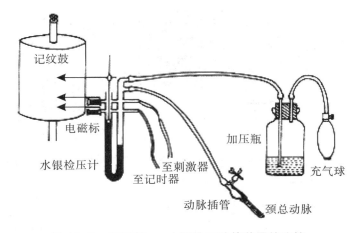

图 11-2　记纹鼓 gn 水银检压计等装置的连接

2. 手术准备

（1）动物麻醉与固定：按 1g/kg 体重的剂量由兔耳缘静脉缓慢注入 20％氨基甲酸乙酯（或用 1.5％戊巴比妥钠按 20~30mg/kg 体重）将兔麻醉。在注射过程中应注意观察动物的肌张力、呼吸、心跳、瞳孔大小、角膜反射等，以免麻醉过深。将麻醉好的动物背位固定于手术台上，颈部必须放正拉平。麻醉完毕可用动脉夹将针头固定于耳缘静脉内，方便实验过程中多次注射使用（为防止出血，可在针头内插一针灸用的毫针）。

（2）气管插管、分离颈部血管和神经

①气管插管：剪去颈部的毛，沿正中线做 5~8cm 的切口。用止血钳分离皮下组织和肌肉，暴露和分离气管，在气管下方穿一较粗线备用，于甲状软骨尾侧 2~3cm 处做"⊥"形切口，插入气管插管，用备用线结扎固定。

②分离两侧颈部血管和神经：用左手拇指和食指捏住切口左侧的皮肤和肌肉，其余三指从皮肤外面略向上顶，便可暴露出与气管平行的血管神经束。仔细识别迷走神经、交感神经和减压神经。其中迷走神经最粗，减压神经最细（如毛发粗细），要仔细辨认，其常与交感神经紧贴在一起（图 11-3）。双侧的每条神经均分离 2~3cm，最后分离颈总动脉，在它们下方各穿一条不同颜色的线备用。左颈总动脉尽可能向远端分离，其下穿两条线备用。本实验使用左颈总动脉测量血压，右侧神经做刺激用，左侧神经作为备用。

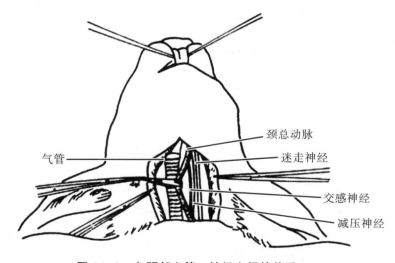

气管　　颈总动脉　　迷走神经　　交感神经　　减压神经

图 11-3　兔颈部血管、神经之间的关系

（3）动脉插管：在左侧颈总动脉的近心端夹一动脉夹，结扎其远心端。结扎处与动脉夹之间的距离应达到 3cm 左右。然后用眼科剪在近结扎处做一斜切口，将准备好的动脉插管由切口向心脏方向插入，用线扎紧，并向两侧绕至插管的橡皮管上缚紧或在插管的侧管上缚紧，以防滑脱。注意插好后应保持插管与动脉的方向一致，避免插

管口将动脉壁刺破。此时放开动脉夹即可见血液冲入动脉插管。

**实验步骤**

（1）打开电脑桌面上的 BL-420 生物功能实验系统，在界面上找到菜单条。

（2）选择"实验项目"→"循环实验"→"动脉血压调节"实验模块，软件将自动设置实验参数，如需开始实验则点单击工具条上的"开始"按钮（ ▶ ）开始实验。

（3）进行不同的实验操作时，可以在相应波形的位置添加特殊实验标记。

（4）如要停止实验，可单击工具条上的"停止"按钮（ ■ ）停止实验。

（5）先观察一段正常血压曲线（图 11-4）然后进行以下操作。

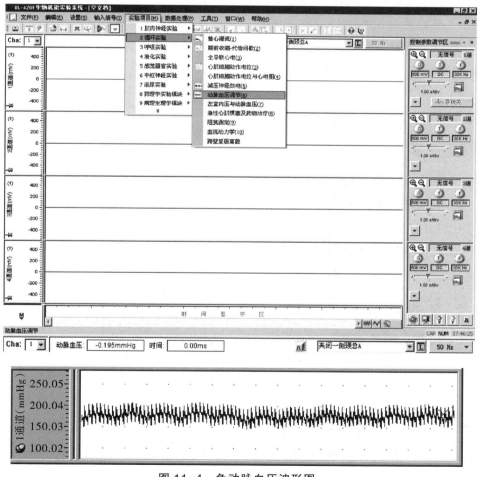

图 11-4　兔动脉血压波形图

（1）用动脉夹夹闭右侧颈总动脉（或提起备用线）以阻断血流 15s，观察血压的变化。

（2）刺激右侧减压神经，观察血压变化：用两条线在该条神经中段分别做结扎，于两结扎线之间剪断减压神经，分别刺激其中枢端和外周端，观察血压有何变化。

（3）先对着光源观察两耳血管网的密度和充血情况（图 11-5），结扎右交感神经，并在结扎的尾侧端剪断交感神经，稍等片刻，观察右耳血管网的扩张程度。然后刺激其头侧端，观察耳血管网的变化。撤除刺激后稍等片刻，再观察其情况。

图 11-5  兔耳血管反应情况

（4）刺激迷走神经外周端：结扎右侧迷走神经，在结扎处头侧端剪断神经，用保护电极刺激迷走神经尾侧端，观察血压变化。

（5）从耳缘静脉注入 1:10 000 肾上腺素 0.3ml，观察血压有何变化。

（6）耳缘静脉注入 1:10 000 去甲肾上腺素 0.2ml，观察血压又有何变化。

（7）放血到血压出现明显变化后，再由静脉注入放出的血液或等量的生理盐水观察血压的变化。

（8）切开胸腔，用与项目 4 相等强度和相同频率的电刺激，刺激右迷走神经外周端，可直接观察迷走神经对心脏的作用。

📖✎ 注意事项

（1）在实验过程中应等待血压恢复到对照血压后再进行下一个项目的实验。

（2）在实验过程中要经常观察动物呼吸是否平稳、手术区有无渗血等，如出现问题，应及时处理。

（3）如果刺激右侧某条神经出现的变化不明显，可改为刺激左侧相同神经，再进行观察。

📖✎ 思 考 题

（1）切断双侧减压神经和迷走神经后，血压有何变化？为什么？

（2）肾上腺素和去甲肾上腺素对心血管活动的影响有何不同？为什么？

## 实验十二  兔减压神经放电

📖✎ 实验目的

观察  家兔在体减压神经传入冲动的放电现象以及它与血压变动的相互关系。

📖 **实验原理**

家兔主动脉弓压力感受器的传入神经在颈部单独成一束，称减压神经。减压神经是减压反射的传入神经，减压反射是使动脉血压维持相对恒定的重要调节机制。因此，当动脉血压升高或降低时，减压神经放电也会发生相应的变化。

📖 **实验对象**

家兔。

📖 **实验用品**

BL-420 生物功能实验系统，哺乳动物手术器械 1 套，兔手术台，气管插管，兔血压记录装置（血压换能器或玻璃动脉套管、水银检压计等），神经干动作电位引导装置（示波器、前置放大器、双极引导电极及支架、生物电监听器），医用液状石蜡（加温至 38~40℃），20% 氨基甲酸乙酯、1:10 000 去甲肾上腺素、1:10 000 乙酰胆碱、0.9%NaCl 溶液等。

📖 **实验准备**

1.仪器安装

（1）放电引导装置：按图 12-1 将引导电极接前置放大器的输入端，前置放大器输出端接示波器上线，同时并联一监听器。各仪器主要工作参数：前置放大增益 ×1000，高频滤波 10kHz，时间常数 0.01~0.001s；示波器采用 A、B 双边输入，输入选择"AC"，总机灵敏度 0.2~0.1mV/cm，内触发连续扫描，扫描速度为 10~20ms/cm。

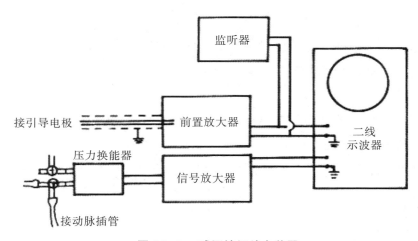

图 12-1　减压神经放电装置

（2）血压记录装置：将血压换能器经前置放大器放大后输入示波器下线，则可在荧光屏上同时看到减压神经放电的节律、波形、幅度和血压的波动。亦可用记纹鼓－水银检压计装置（不用电磁标）记录血压的变化，与示波器所记录的电位变化对照观察。

2. 手术准备　按实验十一的方法将动物麻醉、固定、分离减压神经、一侧动脉插管。在减压神经下穿两根用 0.9%NaCl 溶液浸湿的线备用。用玻璃分针把神经轻轻提起放至引导电极上。在电极与组织之间衬一小片用温液状石蜡浸过的硫酸纸以绝缘。在神经上面覆盖一小片浸过温液状石蜡的棉花，以防止神经干干燥和温度降低（或用止血钳将神经周围皮肤提起，做成皮兜，向皮兜内滴入温液状石蜡，浸泡神经）。

📖✏️ **实验步骤**

（1）放开动脉夹，从水银检压计上直接观察动脉血压。调节监听器增益，达到刚能听见类似火车开动的声音。从示波器屏幕上观察减压神经放电的节律、波形和幅度。注意血压波动、减压神经放电和监听器音响之间的关系。

（2）向耳缘静脉注入 1:10 000 乙酰胆碱 0.3ml，观察血压与减压神经放电频率的变化及两者的关系。记录血压降到何种程度时减压神经放电才减少或完全停止，并观察其恢复过程。

（3）待血压恢复到正常或不再出现大的升降时，由耳缘静脉注入 1:10 000 去甲肾上腺素 0.5~1.0ml，观察血压上升过程中减压神经放电频率的变化，何时开始增多，何时分辨不清？持续观察到血压恢复正常为止。

（4）将减压神经做双结扎，在结扎线之间剪断，分别在中枢端和外周端引导神经的放电，观察有何不同。

📖✏️ **注意事项**

（1）麻醉不宜过浅，以免动物躁动，产生机电干扰。

（2）在体记录神经干动作电位时，外来干扰较离体记录时大得多，本实验最好在屏蔽条件下进行。如果无屏蔽条件，连接导线（除监听器）须用屏蔽线，仪器与动物应接地良好。

（3）在手术过程中不要过分牵拉减压神经。注意神经的保温和防干燥，如放电压降低，可将引导电极向外周端移动。

附　**减压神经放电（用 BL-420 生物功能实验系统）**

📖✏️ **操作步骤**

（1）使用专用的神经引导电极钩住兔减压神经，神经引导电极连接到 BL-420 生物功能实验系统的 1 通道，2 通道则接入血压传感器观察动脉血压。

（2）将用于监听的小音箱接入到 BL-420 生物功能实验系统硬件后面的监听输出口，用于同步监听减压神经放电的声音，减压神经放电的声音类似火车发出的"轰轰"声，频率较快。

（3）选择"实验项目"→"循环实验"→"减压神经放电"实验模块，软件将自动设置实验参数，并开始实验（图 12-2）。

（4）单击工具条上的"停止"按钮（ ▪ ）停止实验。

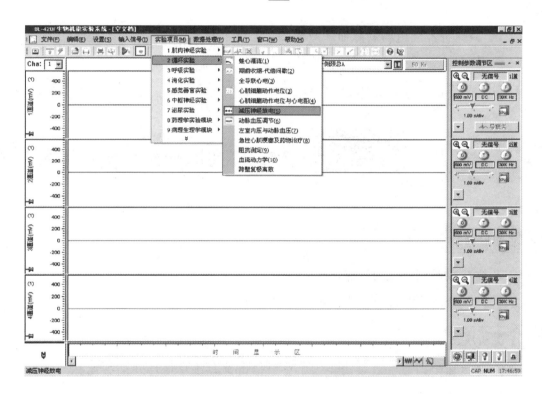

图 12-2　减压神经放电波形

 注意事项

（1）由于减压神经是控制兔动脉血压的，所以通常同时观察减压神经放电和动脉血压，但是，也可以只观察减压神经放电。

（2）减压神经放电的强度因实验动物个体差异有较大变化，如果观察到的放电波形太小，可以调节 G 旋钮（增益）增大系统放大倍数。

（3）需要在减压神经上面滴入一些液状石蜡以保持其湿润，否则一旦减压神经干燥，其放电将很快消失。

（4）一般而言，总是先听到减压神经放电的典型声音，然后再看到典型波形，所以做这个实验时一定需要监听。

## 思考题

（1）减压神经放电与动脉血压有何关系？

（2）如何证明减压神经是传入或传出神经？

（3）引导得到的电压幅值是多少？为什么比神经纤维的动作电位的实际值要小？

## 实验十三　微循环血流观察

### 实验目的

1. 了解　微循环血流的特点。
2. 观察并分辨　蛙肠系膜的小动脉、毛细血管和小静脉及其组成的微循环。

### 实验原理

蛙肠系膜的组织薄，易于透光，用显微镜可观察到呈树枝状的微循环，并可观察到微循环血管的舒缩与血流状态。小动脉管腔内径小，血流速度快，呈现轴流现象（红细胞在血管中央流动）；小静脉管腔内径大，血管流速慢，无轴流现象；毛细血管管径最细，仅允许单个血细胞依次通过，故能看清血细胞流动情况。

### 实验对象

蛙或蟾蜍。

### 实验用品

蛙类手术器械 1 套，有孔的软木蛙板，显微镜，20% 氨基甲酸乙酯，注射器，蛙钉，注射器（1ml），大烧杯，棉球，任氏液，3% 乳酸，1:10 000 去甲肾上腺素等。

## 实验步骤

1. 麻醉　取蛙 1 只，用 20% 氨基甲酸乙酯溶液进行尾骨两侧的皮下淋巴囊注射，剂量为 0.1ml/10g，10~15min 后蛙进入麻醉状态。

2. 固定蛙　用蛙钉将蛙腹位固定在蛙板上（图 13-1），在腹部侧方剪开 3~4cm 的纵向切口，拉出一段小肠，将肠系膜展开用大头针固定在有孔的蛙板上。

图 13-1　将蛙固定在蛙板上

3. 观察肠系膜微循环

（1）在低倍镜下观察，分辨小动脉、小静脉和毛细血管，观察其中血流的速度、特征以及血细胞在血管内流动的形式。

（2）在高倍镜下观察各种血管的血流状况和血细胞形态。

（3）滴加 3% 乳酸 2~3 滴，观察血管变化，观察后用任氏液冲洗。

（4）滴加 1:10 000 去甲肾上腺素 1 滴，观察血管及血流的变化，观察后用任氏液冲洗。

## 注意事项

（1）麻醉不可过深。

（2）展开、固定肠系膜时，牵拉不可太紧，以免损伤肠系膜或阻断血流。

（3）随时滴加任氏液，防止肠系膜干燥。

## 思考题

根据本实验对微循环血流情况加以描述，并加以分析。

## 实验十四　人体肺通气功能的测定

## 实验目的

1. 了解　肺通气功能测定的方法。

2. 学习　使用单筒肺量计测定肺容量和肺通气量的方法，加深对肺容量各组成部分的理解。

## 实验原理

肺通气功能的测量是反映人体健康水平的客观指标之一。 呼吸气量的大小是反映肺通气功能的重要指标，它与肺容量有关。肺容量是指肺容纳的气体量。肺可能容纳的最大气体量称肺总量。肺总量由潮气量、补吸气量、补呼气量及残气量四部分组成。除残气量外，其余各部分气量都可用肺量计测定。对某些患者须测定用力呼气量才能发现异常。

### 实验用品

人，单筒肺量计，橡皮吹嘴，鼻夹，75%酒精棉球，氧气，钠石灰。

单筒肺量计的构造和原理：肺量计主要由一对套在一起的圆筒组成（图 14-1）。外筒装满清水，底部有排水阀门，中央有进气管，管的上端露出水面，管的下端通向筒外的三通管，呼吸气由此出入。内筒为倒扣在外筒中的浮筒，浮筒内是一密闭的空间，浮筒可随呼吸气体的进出而升降。通过氧气接头可向浮筒内充入氧气，一次充入氧气6~8L。筒顶细绳经滑轮架与平衡锤相连。锤重恰与浮筒重量相平衡，使呼气、吸气都不感到费力。刻度标尺可反映肺量计内气体量的变化。浮筒升降带动描笔描记出呼吸曲线。在呼气管道内安装有钠石灰的筒，用来吸收呼出气体中的 $CO_2$。

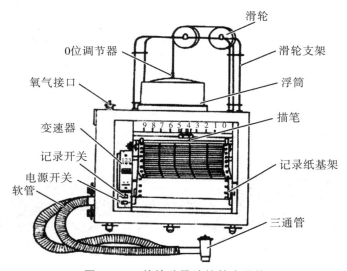

图 14-1 单筒肺量计的基本结构

### 实验准备

（1）向肺量计外筒注入清水，调整"0"位调节螺帽，使浮筒不充气时记录笔尖处于"0"位。

（2）向钠石灰筒内装入钠石灰（钠石灰如有粉末可先过一下筛）。

（3）关闭三通阀门，由氧气接头向浮筒内充纯氧7L。放下记录笔尖与记录纸接触。

（4）将消毒过的橡皮吹嘴接在螺纹管端的三通阀门上。受试者将橡皮吹嘴衔于口中，薄橡胶片置于口腔前庭，用牙咬住上面的两个突起。

（5）用鼻夹夹鼻，使受试者只能用口经三通阀门呼吸外界空气。待适应后，在呼气末旋转阀门，使受试者呼吸浮筒内的氧气，即可进行描记，变速器开关选择"3"。

## 观察项目

1. 潮气量　记录平静呼吸曲线约 1min，多次呼出或吸入气量的平均值即潮气量。

2. 补吸气量　让受试者在平静吸气末做一次最大限度的吸气，平静吸气末以后曲线的延长部分为补吸气量。

3. 补呼气量　稍待呼吸平静后，令受试者在平静呼气末做一次最大限度的呼气，平静呼气末以后曲线的延长部分即为补呼气量。

4. 肺活量　令受试者进行一次最大限度的吸气，然后紧接着尽力呼完，整个曲线的变化幅度即肺活量。

5. 用力呼气量　令受试者做最大限度吸气，在吸气末屏气 1~2s，按下变速器"1"，立即令受试者用最快的速度呼气，直至不能呼出为止。关闭记录开关。此期间纸速为每秒一大格，在纸上可读出呼气开始后第 1 秒末、第 2 秒末和第 3 秒末所呼出的气量，计算它们各占全部呼出气量的百分率。

6. 最大通气量　变速器开关选择"2"，此时记录纸每 15s 前进一大格。令受试者在 15s 内尽力做最深、最快的呼吸，计算 15s 内吸入或呼出气体的总量，乘以 4，即每分钟最大通气量。关闭电源开关，取下橡皮吹嘴与鼻夹。根据记录纸进行分析和计算。

## 注意事项

（1）实验时应注意避免从鼻孔或口角处漏气。

（2）测定最大通气量前，让受试者练习做最深、最快呼吸，以掌握实验所要求的呼吸方法。

## 思考题

（1）评价机体肺通气的主要指标有哪些？

（2）肺活量、补吸气量、补呼气量和潮气量的概念及其正常值。

## 实验十五  膈神经放电

### 实验目的

观察  膈神经放电及其与呼吸运动的关系；某些因素对膈神经放电的影响，加深对呼吸节律起源和反射性调节的认识。

### 实验原理

平静呼吸时，呼吸中枢的节律性电活动通过脊髓发出的膈神经及肋间神经下行传导至膈肌与肋间肌，产生节律性的呼吸运动。引导膈神经的放电，可直接反映呼吸中枢的活动及体内外各种因素对呼吸运动的影响。

### 实验用品

家兔，哺乳动物手术器械1套，BL-420生物功能实验系统，兔手术台，引导电极及支架，前置放大器，监听器，示波器，医用液状石蜡（加温至38~40℃），20%氨基甲酸乙酯，0.9%NaCl溶液，$CO_2$气囊，钠石灰瓶（一端连接装有空气的气囊），3%乳酸溶液，20ml注射器等。

### 实验准备

1.仪器安装  参考"实验十二  兔减压神经放电"引导装置的方法和参数安装和调试好仪器。

2.手术准备

（1）麻醉固定：按1g/kg体重的剂量经耳缘静脉注入20%氨基甲酸乙酯。待动物麻醉后背位固定于兔手术台上。

（2）气管插管：在颈部剪毛，沿正中切开皮肤，做气管插管（图15-1）。

图15-1  气管插管法

（3）分离迷走神经：分离双侧迷走神经，穿线备用。

（4）分离膈神经：兔膈神经由颈4、颈5脊神经的腹支汇集而成，位于颈总动脉神经束的后外侧。先将动物头颈略倾于对侧，用止血钳在颈外静脉与胸锁乳突肌之间向深部分离，直至脊柱肌。透过脊柱肌表面的浅筋膜可见到颈 4、颈 5 脊神经丛和由颈 4、颈 5 脊神经分出的细线状的膈神经（图 15-2）。膈神经垂直下行，在颈部下 1/5 处与臂丛交叉，在斜方肌的腹缘进入胸腔。用玻璃分针在臂丛上方分离出膈神经 1.5~2.0cm。用温液状石蜡保温、保湿，安放好引导电极。

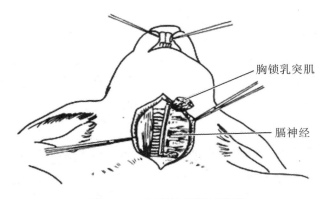

胸锁乳突肌

膈神经

图 15-2　兔膈神经解剖位置

**实验步骤**

（1）观察正常呼吸运动与膈神经放电的关系。通过监听器可听到与呼吸节律一致的放电声音。

（2）吸入气囊中的 $CO_2$，观察膈神经放电的频率、幅度、呼吸运动及监听器音响的变化。

（3）通过钠石灰瓶呼吸气囊中的空气，观察呼吸运动、膈神经放电的变化。

（4）从耳缘静脉注入 3% 乳酸溶液，观察呼吸运动和膈神经放电的变化。

（5）观察肺牵张反射时膈神经放电情况

1）在气管插管两个管口各接一短橡皮管，将事先抽入 20ml 空气的注射器连接在一侧橡皮管上。在吸气末堵住另一橡皮管，同时迅速向气管内注入 20ml 空气，使肺处于扩张状态，观察膈神经放电有何变化。待放电自行恢复后放开堵住的橡皮管口。

2）当动物恢复平静呼吸时，在呼气末，堵住一侧橡皮管口，同时迅速抽出气体约 20ml，使肺处于塌陷状态，观察膈神经放电有何变化。

3）切断一侧迷走神经，观察膈神经放电的变化。再切断另一侧迷走神经，观察膈神经放电的变化。

4）重复步骤 1）和步骤 2），对比切断迷走神经前后的结果有何不同。

**注意事项**

（1）分离膈神经时动作必须轻柔，神经干上不应粘有血液和其他组织。

（2）每项实验观察完毕后应待神经放电和呼吸运动基本恢复正常后方可继续下一项目。

**附** 以 BL-420 生物功能实验系统为例做膈神经放电实验

**实验步骤**

（1）使用专用的神经引导电极钩住膈神经，神经引导电极连接到 BL-420 生物功能实验系统的 1 通道，2 通道则接张力传感器观察动物呼吸。

（2）选择"实验项目"→"呼吸实验"→"膈神经放电"实验模块，软件将自动设置实验参数并开始实验。

（3）在屏幕上可看到如图 15-3 所示的波形。

（4）将用于监听的小音箱接入到 BL-420 系统硬件后面的监听输出口，用于同步监听膈神经放电的声音，膈神经放电的声音一般为低沉、频率较慢的"轰轰"声。

（5）单击工具条上的"停止"实验按钮（ ■ ）停止实验。

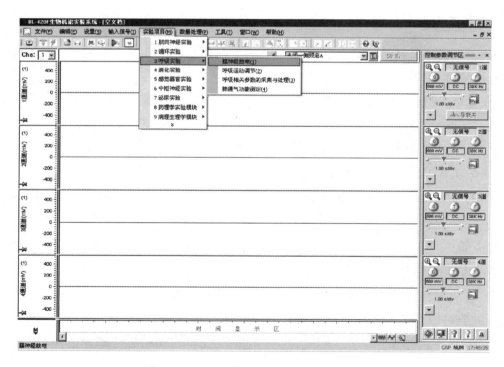

图 15-3　膈神经放电

📖 **注意事项**

（1）由于膈神经控制动物呼吸，所以可同时观察膈神经放电和动物的呼吸变化，但是，也可以只观察膈神经放电。

（2）一般而言，总是先听到膈神经放电的典型声音，然后再看到典型波形，所以做这个实验时一定需要监听。

📖 **思考题**

（1）膈神经的放电形式与减压神经相比有何不同？

（2）解释每项实验的结果。

## 实验十六　呼吸运动的调节

📖 **实验目的**

观察若干因素对家兔呼吸运动的影响，根据结果解释若干因素对呼吸运动的调节作用。

📖 **实验原理**

呼吸运动能够有节律地进行，并与机体代谢水平相适应，主要是通过神经和体液因素调节的结果。体内外各种刺激可通过外周或中枢化学感受器，或直接作用于呼吸中枢，反射性地调节呼吸运动。

📖 **实验用品**

家兔，记纹鼓或二道生理记录仪，BL-420生物功能实验系统，描记气鼓，电磁标，刺激器，记时器，兔手术台，哺乳动物手术器材，气管插管，20ml与1ml注射器，橡皮管，钠石灰，气囊，1.5%戊巴比妥钠溶液，$CO_2$气袋，0.9% NaCl溶液，3%乳酸溶液，纱布，线等。

📖 **实验步骤**

1.实验准备

（1）取家兔1只，称重后用1.5%戊巴比妥钠溶液静脉麻醉，并仰卧位固定于手术台上。

（2）施行气管插管术后在颈部分离出两侧迷走神经，各穿一线备用。用盐水纱布覆盖手术野。

（3）记纹鼓描记：将描记气鼓上的橡皮管与气管插管一侧开口连接，调整另一侧管上短橡皮管的口径，使气鼓薄膜起伏的幅度适当，而后使描笔与记纹鼓面呈切线接触，用描记气鼓记录兔的呼吸运动（图 16-1）；其下装两个电磁标，分别做刺激和时间标记，使笔尖与气鼓笔尖在一条垂直线上。

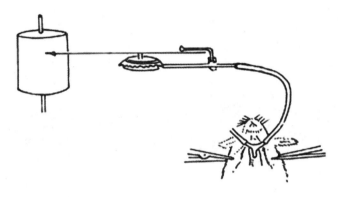

图 16-1　描记气鼓记录兔的呼吸运动

（4）记录仪描记：用系有线的弯钩大头针钩在胸廓活动较大处的胸壁上，线的另一端系在张力换能器上，并与记录仪相连。

2.观察项目

（1）正常呼吸运动：开动记纹鼓，描记一段正常呼吸运动曲线，注意观察呼吸的频率、节律和幅度及所描曲线与吸气和呼气的关系（曲线向上为呼气，向下为吸气）。

（2）增加吸入气中 $CO_2$：将气管插管开口端与 $CO_2$ 气袋的橡皮管口相对，打开 $CO_2$ 气袋上的螺旋开关，使一部分 $CO_2$ 进入气管插管内，观察呼吸运动有何变化。

（3）造成缺 $O_2$：将气管插管的开口侧通过一钠石灰瓶与盛有一定量空气的气囊相连，使呼出的 $CO_2$ 被钠石灰吸收。随着呼吸的进行，气囊内的 $O_2$ 便越来越少，观察呼吸运动的变化。

（4）增大无效腔：将气管插管开口端连接一长约 0.5m 的橡皮管，使无效腔增大，观察对呼吸运动的影响。

（5）改变血液 pH：由耳缘静脉注入 3% 乳酸溶液 0.2~0.5ml，观察呼吸运动的变化。

（6）观察迷走神经在调节呼吸运动中的作用：先剪断一侧迷走神经，观察呼吸运动的改变；再剪断另一侧，对比切断迷走神经前后的呼吸频率和幅度的变化情况。以中等强度的电刺激连续刺激颈部一侧迷走神经向中端，观察呼吸运动的改变。

📖 **注意事项**

（1）每项实验前都要有正常呼吸曲线对照。

（2）麻醉剂量要适度，尽量保持动物安静，以免影响正常呼吸曲线。

（3）当吸入 $CO_2$ 引起呼吸明显变化时，应立即停止吸入。

附  **以 BL-420 生物功能实验系统为例做呼吸运动调节**

📖 **实验用品**

BL-420 生物功能实验系统，刺激器，记时器，兔手术台，哺乳动物手术器材，气管插管，20ml 与 1ml 注射器，橡皮管，钠石灰，气囊，1.5%戊巴比妥钠溶液，$CO_2$ 气袋，0.9% NaCl 溶液，3%乳酸溶液，纱布，线等。

📖 **实验步骤**

（1）实验准备

1）取家兔 1 只，称重后用 1.5% 戊巴比妥钠溶液静脉麻醉，并仰卧位固定于手术台上。

2）施行气管插管术后在颈部分离出两侧迷走神经，各穿一线备用。用盐水纱布覆盖手术野。

3） 将张力换能器与 BL-420 生物功能实验系统的 1 通道相连，与张力换能器连接丝线的下端拴有一个金属钩，用于钩住动物胸部测量呼吸波（图 16-2）。

（2）选择"实验项目"→"呼吸实验"→"呼吸运动调节"实验模块，单击工具条上的"开始"按钮（▶）开始实验。

（3）进行不同的处理后，可以在相应波形的位置添加特殊实验标记。

（4）单击工具条上的"停止"实验按钮（■）停止实验（图 16-3）。

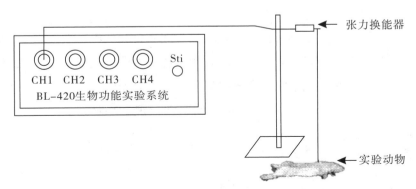

图 16-2  呼吸运动调节实验连接示意图

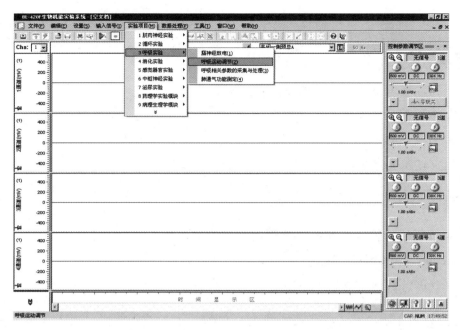

图 16-3　呼吸实验界面

**观察项目**

1.正常呼吸运动　观察一段正常呼吸运动曲线，注意观察呼吸的频率、节律和幅度曲线，向上为呼气，向下为吸气。

2.增加吸入气中 $CO_2$　将气管插管开口端与 $CO_2$ 气袋的橡皮管口相对，打开 $CO_2$ 气袋上的螺旋开关，使一部分 $CO_2$ 进入气管插管内，观察呼吸运动有何变化。

3.造成缺 $O_2$　将气管插管的开口侧通过一钠石灰瓶与盛有一定量空气的气囊相连，使呼出的 $CO_2$ 被钠石灰吸收。随着呼吸的进行，气囊内的 $O_2$ 便越来越少，观察呼吸运动的变化。

4.增大无效腔　将气管插管开口端连接一长约 0.5m 的橡皮管，使无效腔增大，观察对呼吸运动的影响。

5.改变血液 pH　由耳缘静脉注入 3% 乳酸溶液 0.2~0.5ml，观察呼吸运动的变化。

6.观察迷走神经在调节呼吸运动中的作用　先剪断一侧迷走神经，观察呼吸运动的改变；再剪断另一侧，对比切断迷走神经前后的呼吸频率和幅度的变化情况。以中等强度的电刺激连续刺激颈部一侧迷走神经的中端，观察呼吸运动的改变。

**注意事项**

（1）每项实验前都要有正常呼吸曲线对照。

（2）麻醉剂量要适度，尽量保持动物安静，以免影响正常呼吸曲线。

（3）当吸入 $CO_2$ 引起呼吸明显变化时，应立即停止吸入。

记录动物呼吸的方法有多种，可以使用气管插管式传感器或绑带式传感器记录动物的呼吸运动，各种记录方式各有优缺点，但利用张力传感器测量较为简单。

附　胸膜腔内压与气胸的观察

操作步骤

（1）将连接好针头的血压换能器与 BL-420 生物功能实验系统的 1 通道相连，然后将针头插入到家兔的胸腔中。

（2）选择"输入信号"→"1 通道"→"压力"实验模块，软件将自动设置实验参数并开始实验。

（3）进行各项实验操作时，可以在相应波形的位置添加特殊实验标记。

（4）单击工具条上的"停止"实验按钮（■）停止实验（图 16-4）。

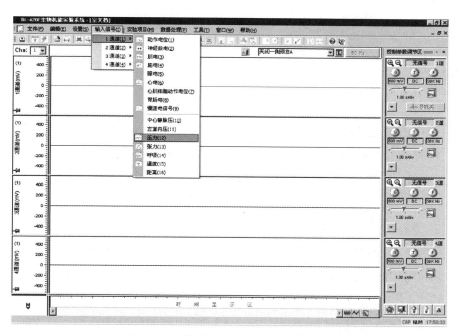

表 16-4　胸膜腔内压与气胸观察界面

注意事项

（1）由于胸腔内的压力较小，所以使用的血压传感器应该是高精度的压力传感器。

（2）如果观察到胸腔内的波形很小，则应该调节 G 旋钮（增益）增大放大倍数。

## 附 胸膜腔负压及周期性变化的观察

### 实验目的

观察家兔胸膜腔负压及其随呼吸运动的周期变化。

### 实验原理

胸膜腔负压是以大气压为标准，低于大气压而言。本实验采用连通器原理，将与水检压计相连通的穿刺针插入胸膜腔，通过水检压计液面的升降，验证胸膜腔内为负压，且随呼吸运动而变化。

### 实验对象

家兔。

### 实验用品

18号注射针头，50cm长橡皮管1根，水检压计等。

### 实验步骤

1. 实验准备

（1）使用已做过实验十六的家兔做本实验。

（2）将穿刺针头通过橡皮管与水检压计相连，检压计内的水中加少许蓝墨水，以利于观察液面波动。检压计内液面应与刻度"0"一致，并调整检压计的高度，使刻度0与动物胸膜腔在同一水平。

（3）在兔右腋前线第4~6肋间做0.5~1.0cm的皮肤切口，通过切口，用与水检压计相连的注射针头，沿肋骨上缘顺肋骨方向缓慢斜向插入胸膜腔，同时观察检压计液面，当其水柱突然向胸膜腔一侧升高，并随呼吸波动时，用胶布将针头固定于胸壁上。

2. 观察项目

（1）平静呼吸时的胸膜腔内压：通过水检压计液面的升降高度，比较吸气和呼气时，胸膜腔负压的大小有何不同。

（2）用力呼吸时的胸膜腔内压：在气管插管的一侧管上接一根长约0.5m的橡皮管，然后堵塞另一侧管，以增大无效腔，使兔呼吸运动加深、加快，观察胸膜腔负压的变化，并与平静呼吸时相比较有何不同。

（3）憋气的效应：在吸气末和呼气末，将气管插管的两支侧管同时堵塞。此时动物虽用力呼吸，但不能呼出或吸入气体，处于憋气的状态。观察此时胸膜腔内压变化的最大幅度，胸膜腔内压是否高于大气压。

### 注意事项

（1）穿刺针头与橡皮管和水检压计的连接必须严密，切不可漏气。

（2）作胸膜腔穿刺时，切勿过深过猛，以免刺破肺和血管。

（3）穿刺前，检查穿刺针是否通畅。

### 思考题

（1）缺氧、吸入和空气中的 $CO_2$ 浓度增加及血中乳酸增多时对呼吸的影响机制有何不同？

（2）增大无效腔对呼吸运动有何影响？其作用机制如何？

## 实验十七　胃肠运动的观察

### 实验目的

观察胃和小肠的运动形式和胃肠运动的调节。

### 实验原理

胃肠运动的一般形式是紧张性收缩和蠕动。胃的容受性舒张和小肠的分节运动是它们所特有的运动形式。

调节胃肠运动的神经属于自主神经系统，一般情况下副交感神经兴奋时胃肠运动增强，交感神经兴奋时胃肠运动减弱。调节作用是通过神经末梢所释放的递质与胃肠平滑肌细胞膜上相应受体结合而实现的。

### 实验对象

家兔。

### 实验用品

哺乳类动物手术器械 1 套，兔手术台，电子刺激器，保护电极，注射器，20％氨基甲酸乙酯，阿托品注射液，1:10 000 乙酰胆碱，1:10 000 肾上腺素，0.9%NaCl 溶液等。

### 实验准备

（1）麻醉：用 20％氨基甲酸乙酯由兔耳缘静脉注射将其麻醉（剂量略低于 1g/kg 体重）。

（2）将兔仰卧固定在手术台上，剪去颈部的毛，沿正中切开皮肤与肌肉，分离气管，做气管插管。

（3）剪去腹部的毛：自剑突下沿腹部正中线切开腹壁，暴露胃和肠。在膈下食管的前方找出迷走神经前支，分离穿线，套以保护电极。

（4）用温 0.9%NaCl 溶液浸湿的纱布将肠推向右侧，在左侧肾上腺上方分离出内脏大神经，穿线并套以保护电极。

（5）保温：用温热 0.9%NaCl 溶液（38~40℃）浸浴胃肠（或以手术台加温），保持腹腔内温度在 37~38℃，并防止胃肠表面干燥。

### 实验步骤

（1）观察正常情况下的胃肠活动，包括胃、小肠的紧张性收缩、蠕动以及小肠的分节运动。

（2）用适宜频率和强度的电脉冲，刺激膈下迷走神经，观察胃肠运动的变化。可反复刺激直至出现明显反应。

（3）调节电刺激的频率、强度，刺激内脏大神经，观察胃肠运动的变化。

（4）在胃和小肠上各滴上 3~5 滴 1:10 000 乙酰胆碱，出现反应后立即用温热 0.9%NaCl 溶液冲洗掉。

（5）在胃和小肠上各滴上 3~5 滴 1:10 000 肾上腺素，观察胃肠运动的变化。

（6）先以电刺激膈下迷走神经，当出现明显反应时， 从耳缘静脉注射阿托品 0.5~1.0mg。观察胃肠运动的变化。再直接电刺激胃和小肠，观察其运动的变化。

### 注意事项

（1）麻醉药不宜过量，要求浅麻醉，电刺激时强度适中。

（2）在实验过程中应注意保温和防止器官干燥。

### 思考题

（1）试比较平滑肌、心肌和骨骼肌生理特性的异同点。

（2）小肠运动的主要形式有哪些？

## 实验十八　人体体温测量

### 实验目的

1. 掌握　不同测量部位的正常体温值。
2. 了解　人体体温的测量方法。

### 实验原理

测量体温的部位有腋窝、口腔和直肠，以测量腋窝和口腔温度最常用，不同测量部位的体温正常值不同。人体体温有一定的生理变动，但变化范围不超过1℃，剧烈运动或劳动时，体温可升高1~2℃。

### 实验对象

人。

### 实验用品

水银体温计（腋表、口表），75%酒精棉球，干棉球。

水银体温计有腋表、口表和肛表三种，均由标有刻度的真空玻璃毛细管和下端装有水银的玻璃球组成。腋表的球部长而扁，口表的球部细而长，肛表的球部粗而短。水银受热膨胀后，沿着毛细管上升。在球部和管部连接处有一狭窄部分，防止上升的水银遇冷下降。

### 实验步骤

（1）将体温计取出，用75%酒精棉球擦拭，并将水银柱甩至35℃以下。注意检查体温计是否完好无损。

（2）测量体温

1）腋窝测温法：受检者静坐数分钟，解开上衣，擦干腋下汗水。检查者将体温计水银端放于受检者腋窝深处紧贴皮肤，令受检者屈臂紧贴胸壁，夹紧体温计，10min后取出，检视记录。

2）口腔测温法：受检者静坐数分钟，检查者将口表水银端斜放于受检者舌下，令受检者闭口用鼻呼吸，勿用牙咬体温计，3min后取出，用干棉球擦干，检视记录。

3）测量运动后体温：受检者去室外运动5min，立即回室内测量口腔和腋下温度各1次，检视记录，比较同一人、同一部位运动前后体温有何变化。

### 注意事项

甩体温表时不可触及它物，防止碰碎。

### 思考题

人的基础体温是多少？

## 实验十九　影响尿生成的因素

### 实验目的

1. 学习　膀胱或输尿管插管技术。
2. 观察　若干因素对家兔尿生成的影响。

### 实验原理

尿生成过程包括肾小球滤过、肾小管和集合管的重吸收与分泌作用。凡能影响这3个环节的因素，均可引起尿的质或量发生变化。

### 实验对象

家兔。

### 实验用品

哺乳动物手术器材1套，BL-420生物功能实验系统，血压换能器，水银检压计，电磁标，记滴器，电刺激器，保护电极，注射器，试管，试管夹，酒精灯，烧杯，纱布，线，细输尿管插管一对，膀胱插管，0.9%NaCl溶液，20%葡萄糖溶液，1.5%戊巴比妥钠，1∶10 000去甲肾上腺素，垂体后叶素，0.1%呋塞米，班氏糖定性试剂，3.8%柠檬酸钠溶液或肝素等。

**实验准备**

（1）麻醉与固定：用1.5%戊巴比妥钠（30~40mg/kg体重）从耳缘静脉缓缓注入，待兔麻醉后，仰卧位固定在兔手术台上，剪去颈部被毛。

（2）气管插管：做颈部正中切口，暴露气管，插入气管插管。

（3）分离左侧颈总动脉，插入动脉插管，描记动脉血压。

（4）保留并固定好耳缘静脉通路，以5~10滴/分钟的速度缓慢输入0.9% NaCl溶液。

（5）分离一侧迷走神经，穿一线备用。

（6）收集尿液：可选择膀胱插管导尿法或输尿管插管导尿法。

1）膀胱插管导尿法：在耻骨联合前方，沿正中线做长2~3cm的皮肤切口，沿腹白线剪开腹腔，将膀胱移出体外。在膀胱顶部做一个荷包缝合，在缝线中心做一小切口，插入膀胱插管，收紧缝线关闭其切口。膀胱插管通过橡皮管与记滴装置相连。

2）输尿管插管导尿法：在耻骨联合上方，沿正中线做4cm的皮肤切口，沿腹白线剪开腹壁暴露膀胱，用手轻轻拉出膀胱，在其底部找出双侧输尿管，用线在双侧输尿管近膀胱处分别进行结扎。在结扎上方各剪一小口，将两根充满0.9%NaCl溶液的细输尿管插管向肾的方向分别插入输尿管，然后用线结扎固定。手术完毕，用38℃热盐水纱布覆盖切口，将两根细插管并在一起与记滴装置相连（图19-1）。

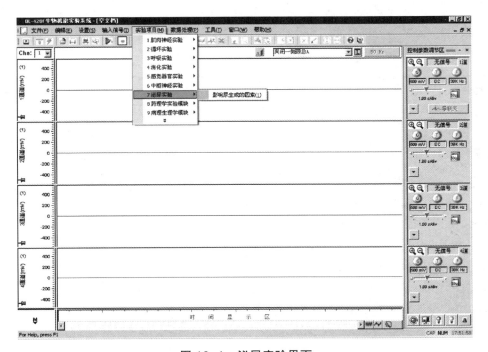

图19-1　泌尿实验界面

（7）按程序打开计算机 BL-420 生物功能实验系统，使之进入实验记录频道。单击实验项目菜单，弹出下拉菜单，从泌尿系统实验项找出"影响尿生成的因素"栏。

## 实验步骤

（1）记录一段正常血压曲线和尿液滴数做对照。

（2）由耳缘静脉注入 37℃ 0.9%NaCl 溶液 20ml，观察血压和尿量有何变化。

（3）静脉注射 1∶10 000 去甲肾上腺素 0.5ml，观察血压和尿量有何变化。

（4）静脉注射垂体后叶素 2U，观察血压和尿量有何变化。

（5）取尿液 2 滴，用班氏糖定性试剂做尿糖定性实验后，由耳缘静脉注入 20% 葡萄糖溶液 5ml，观察血压和尿量的变化。待尿量明显变化后再取尿 2 滴做尿糖定性实验。

（6）静脉注射呋塞米（5mg/kg 体重），观察尿量有何变化。

（7）剪断右迷走神经，用保护电极以中等强度的电刺激反复刺激其外周端，让血压下降且维持在 50mmHg 左右约 30s，观察尿量有何变化。

（8）分离一侧股动脉，插入动脉插管进行放血，使血压迅速降至 50mmHg 左右，观察尿量有何变化。

（9）从静脉迅速补充 0.9%NaCl 溶液 20~30ml，观察血压和尿量的变化。

## 注意事项

（1）手术操作应轻柔，避免损伤性尿闭。输尿管插管一定要插入管腔内，不要误入管壁的肌层与黏膜之间（表 19-1）。

表 19-1　尿生成的影响因素及利尿药的作用

| 动物体重 | | 麻醉方法 | | 室温 | | 实验者 | |
|---|---|---|---|---|---|---|---|
| 实验项目 | | 麻醉剂及剂量 | | 日期 | | | |
| | | 血压（kPa） | | | 尿量（滴／分钟） | | |
| | | 刺激前（或给药前） | 刺激后（或给药后） | | 刺激前（或给药前） | 刺激后（或给药后） | |
| 正常 | | | | | | | |
| 0.9%NaCl 溶液（20ml） | | | | | | | |
| 1∶10 000 去甲肾上腺素（0.5ml） | | | | | | | |
| 垂体后叶素（2U） | | | | | | | |
| 20% 葡萄糖溶液（5ml） | | | | | | | |
| 0.1% 呋塞米（5mg/kg 体重） | | | | | | | |
| 刺激迷走神经外周端 | | | | | | | |
| 股动脉放血 | | | | | | | |
| 迅速补充 0.9%NaCl 溶液 20~30ml | | | | | | | |

（2）本实验要做多次静脉注射，应注意保护耳缘静脉。静脉穿刺从耳尖开始，逐步移向耳根。

（3）每进行一项实验，均应等待血压和尿量基本恢复到对照值后再进行下一项。

**附** **以 BL-420 生物功能实验系统为例做影响尿生成的因素的实验**

操作步骤

（1）血压传感器接入 BL-420 生物功能实验系统 1 通道，用于记录动脉血压，BL-420 生物功能实验系统上专用的记滴输入口上连接记滴引导电极，用于记录尿滴，参见图 19-2。

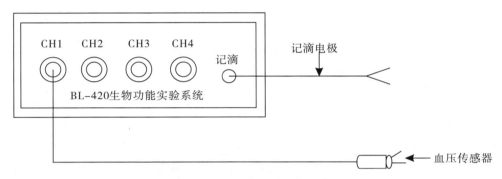

**图 19-2　尿生成实验连接示意图**

（2）选择"实验项目"→"泌尿实验"→"影响尿生成的因素"实验模块，软件将自动设置实验参数并开始实验。

（3）可以选择"设置"→"记滴时间……"命令弹出"记滴时间选择"对话框，然后设定统计尿滴数的单位时间。

（4）在 BL-420 生物功能实验系统的专用信息显示区中统计"总滴数"和"单位时间滴数"。

（5）在显示通道 2 上将显示记滴趋势图（图 19-3）。

（6）单击工具条上的"停止"实验按钮（ ■ ）停止实验。

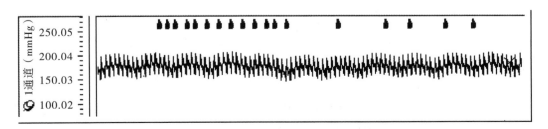

**图 19-3　血压波与记滴图形**

📖✏️ 思 考 题

（1）全身动脉血压升高，尿量是否一定增加；血压降低，尿量是否一定减少？

（2）休克患者使用呋塞米后尿量并未增加，能否继续加大剂量？

## 实验二十　视调节反射和瞳孔对光反射

📖✏️ 实验目的

1. 观察　视调节反射和瞳孔对光反射现象。

2. 学会　瞳孔对光反射和近反射的检查方法。

📖✏️ 实验原理

双眼视物，物体和眼球距离变化时，晶状体的曲率、瞳孔的直径和两眼视轴的交角，通过眼调节反射发生相应变化，以保证物体在双眼视网膜相对称的位置上清晰成像。当光线强度发生变化时，通过瞳孔对光反射亦使瞳孔直径发生相应变化，从而控制进入眼球的光线的量，保证物像亮度适宜。

📖✏️ 实验对象

人。

📖✏️ 实验用品

手电筒。

📖✏️ 实验准备

布置一暗室，实验最好在暗室中进行。

📖✏️ 实验步骤

1. 瞳孔对光反射

（1）受检者坐在较暗处，检查者先观察受检者两眼瞳孔的大小，后用手电筒照射受检者一眼，立即可见受照射眼瞳孔缩小（直接对光反射）；停止照射，瞳孔恢复原状。

（2）用手沿鼻梁将两眼视野分开，再用手电筒照射一侧眼睛，可见另一侧眼睛瞳孔也缩小，此称间接对光反射，又称互感性对光反射。

2. 瞳孔近反射　受检者注视正前方 5m 外某一物体（但不要注视灯光），检查者观察其瞳孔大小。告诉受检者，当物体移近时必须目不转睛地注视物体。然后将物体迅速地移向受检者眼前，观察其瞳孔有何变化，并注意两眼球会聚现象。

正常成人瞳孔直径 2.5~4.0mm（可变动为 1.5~8.0mm）。

### 注意事项

做视调节反射，当目标由远移近时，受视者眼睛必须始终注视目标。

### 思考题

（1）视觉调节有何生理意义？
（2）一侧眼睛受光刺激，为什么双侧瞳孔均缩小？

## 实验二十一　视力的测定

### 实验目的

1. 理解　视力测定的原理。
2. 学习　视力测定的方法。

### 实验原理

视力即视敏度，指眼分辨物体微细结构的最大能力。通常以能辨别两点之间的最小距离来衡量。国际上规定能够分辨离眼球 5m 处相距 1.5mm 两点的视力为 1.0，作为正常视力的标准。此时来自这两点的光线进入眼球所形成的视角为 1/60°（一分角），在视网膜上两点物像之间正好隔一个视锥细胞。

### 实验对象

人。

### 📖 实验用品

远视力表，指示棒，米尺等。

### 📖 实验准备

（1）将视力表挂在光线充足、照明均匀的墙上，使表上的第 10 行符号与受试者眼睛处于同一水平高度。

（2）在距视力表 5m 处画一横线，受试者面对视力表，站在横线处。

### 📖 实验步骤

（1）遮住受试者一只眼睛，测试另一只眼睛。检查者用指示棒从上往下逐行指示表上符号，每指一符号，令受试者说出表上"E"或"C"缺口的方向，直至不能辨认为止。受试者能分辨的最后一行符号的表旁数值，代表受试者的视力。

（2）用同样方法检查另一只眼睛的视力。

### 📖 思考题

测定视力时应注意些什么？

## 实验二十二　色盲检查

### 📖 实验目的

学会　色盲检查的方法。

### 📖 实验原理

色盲是由于视网膜中缺乏某种视锥细胞引起，可分为全色盲和部分色盲。全色盲只能辨别物体的明暗，临床上极少见。部分色盲中的蓝色盲也比较罕见，红绿色盲比较常见。患者可用色盲检查图查出。

### 📖 实验对象

人。

### 实验用品

色盲检查图。

### 实验步骤

（1）色盲检查图的种类很多，在使用前，应详细阅读说明书。

（2）在均匀充足的自然光线下，检查者逐页翻开检查图，让受检者尽快回答所看见的数字或图形，注意回答得正确与否，时间是否超过30s。倘若有误，应按色盲检查图的说明进行判定。

### 思 考 题

测定视野有何意义？

## 实验二十三　声波的传导途径

### 实验目的

1. 了解　临床常用的鉴别神经性耳聋和传导性耳聋的检查方法。
2. 比较　声波气导和骨导两条途径的听觉效果。

### 实验原理

声波经过外耳道引起鼓膜振动，再经听骨链和前庭窗传入耳蜗，这是声音传导的主要途径，称为气导。声波也可以直接引起颅骨的振动，再引起颞骨内的淋巴振动，这种传导称为骨导。骨导的效果远比气导要差，但当气导明显受损时，骨导则相对增强。

### 实验对象

人。

### 实验用品

音叉（频率为256/s或512/s），棉球等。

📖 **实验步骤**

1. 比较同侧耳的气导和骨导（任内试验）

（1）受试者背对检查者而坐，检查者敲响音叉后，立即将音叉置于受试者一侧颞骨乳突处（骨导）。当受试者表示听不见声音时，立即将音叉移至同侧的外耳道处（气导），询问受试者能否听到声音。然后，先将敲响的音叉置于外耳道口处，当受试者听不见声音时，立即将音叉移至同侧乳突部，询问受试者能否听到声音。如气导时间 > 骨导时间，则称为任内试验阳性。

（2）用棉球塞住受试者一侧耳孔（模拟气导障碍），重复上述实验，如气导时间 ≤ 骨导时间，则称为任内试验阴性。

2. 比较两耳骨导（魏伯试验）

（1）将敲响的音叉柄置于受试者前额正中发际处，正常时两耳感受的声音强度应相同。

（2）用棉球塞住受试者一侧耳孔，重复上述实验，此时塞棉球一侧感受的声音强度高于对侧。

📖 **注意事项**

（1）室内必须保持安静，以免影响听觉效果。

（2）敲击音叉不可用力过猛，更不可在坚硬物体上敲击。

（3）音叉置于外耳道时，不要触及耳廓和头发，且应将音叉振动方向对准外耳道。

📖 **思考题**

（1）如何通过任内实验和魏伯试验鉴别传导性耳聋和神经性耳聋？

（2）当鼓膜受损时两种声音传导分别会发生什么变化？患中耳炎时又如何？

## 实验二十四　耳蜗微音器电位的记录

📖 **实验目的**

1. 了解　耳蜗微音器电位的记录方法。

2. 观察　耳蜗微音效应。

### 实验原理

声波作用于耳蜗时，耳蜗及与之相连的神经纤维产生一系列电位变化。在耳蜗及其附近部位可记录到一种与刺激声波的波形、频率相一致的电变化，称为耳蜗微音器电位。如将这种电变化经放大后输入扩音器，可听到与刺激声波相同的声音。

### 实验对象

豚鼠。

### 实验用品

示波器，BL-420生物功能实验系统，前置放大器，音频振荡器，扩音器，扬声器，20%氨基甲酸乙酯溶液，银球引导电极和电极操纵器等。

### 实验准备

1.仪器安装　将引导电极、参考电极连于前置放大器的输入端，前置放大器的输出端分别连于示波器和扬声器，将音频振荡器与扩音器相连，接通电源预热（图24-1）。

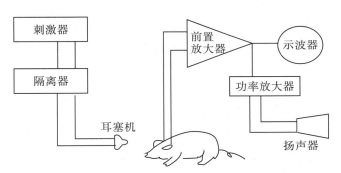

**图24-1　豚鼠耳蜗微音器电位的记录装置**

2.手术准备

（1）用20%氨基甲酸乙酯溶液（6ml/kg体重）腹腔注射。动物麻醉后侧卧，沿耳廓根部后上缘切开皮肤，钝性分离组织，充分暴露外耳道口后方的颞骨乳突部。

（2）在乳突上用小骨钻（或探针）轻轻地钻一小孔，再将其扩大成直径3~4mm的骨孔，孔内即为鼓室。利用放大镜经骨孔向前方深部窥视，可见自下而上兜起的耳蜗底转，在底转上方有圆窗（图24-2）。圆窗口朝向外方，孔径约0.8mm。

（3）使豚鼠头部嘴端稍向下垂，以便于电极插入。将参考电极夹在豚鼠头部伤口的皮肤内侧或软组织上，银球电极固定于电极操纵器上，调节电极操纵器，使引导电极经骨孔向深部插入，电极球端刚好与圆窗接触（注意勿将圆窗膜戳破，否则外淋巴液流出，会影响实验结果）。

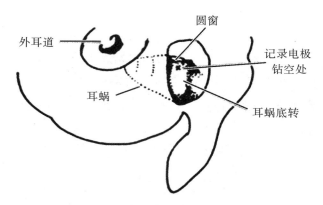

**图 24-2　豚鼠头骨及圆窗位置示意图**

**实验步骤**

（1）调节好仪器的各种参数（示波器灵敏度为 10~20mV/cm，根据电位大小确定，触发方式置于"连续"，扫描速度 5~2cm/ms，前置放大器增益 × 1000，高频滤波 1kHz，时间常数 0.01s），试在豚鼠耳旁拍手或说话，如引导电极放置的位置准确，可从扬声器中听到扩大的同样声音。

（2）将音频振荡器的输出并连至示波器的另一个输入端，将示波器改为外触发扫描，调节音频振荡器的输出强度与频率，从示波器上可见到同样的频率与波形。

**注意事项**

（1）实验动物尽量选择体重 300~400g 的年幼豚鼠（年幼豚鼠耳蜗位置较浅）。

（2）手术过程要及时止血，防止外部血液进入骨窗。

（3）电极进入鼓室时，不要碰触到周围骨壁及组织，以免短路。

附　**采用 BL-420 生物功能实验系统进行的耳蜗微音电位的记录实验**

**操作步骤**

（1）将记录电极一端插入豚鼠耳蜗内，另一端与 BL-420 生物功能实验系统相连接，同时将一个小音箱连接到 BL-420 生物功能实验系统后部的监听口上，用于监听耳蜗放电的声音。

（2）选择"实验项目"→"感觉器官实验"→"耳蜗生物电活动"实验模块，软件将自动设置实验参数，并开始实验。

（3）单击工具条上的"停止"实验按钮（ ■ ）停止实验。

**思考题**

试述耳蜗微音器电位的产生机制。

# 实验二十五　破坏动物一侧迷路的效应

📖✏️ **实验目的**

观察　动物在迷路损伤后的表现，以理解前庭器官的功能。

📖✏️ **实验原理**

内耳迷路中的前庭器官是感受头部空间位置与运动的器官，通过它可反射性地影响肌紧张，从而调节机体姿势的平衡，当动物的一侧迷路破坏后，其肌紧张协调性发生障碍，在静止和运动时便失去正常的姿势。

📖✏️ **实验对象**

蛙或豚鼠。

📖✏️ **实验用品**

小动物手术器械1套，氯仿，面盆及纱布等。

📖✏️ **实验步骤**

（1）将蛙躯干用纱布包裹，腹部向上握于左手手掌，拉开下颌并以左手拇指压住舌及下颌。

（2）用解剖刀将颅底的口腔黏膜做一横切口，剥开黏膜，即可见"+"字形的副蝶骨（图25-1），其左右两条的横突，即迷路的所在部位。

（3）用手术刀削去一侧横突的骨膜，可见到一粟粒大的小白点，即为半规管，将探针刺入小白点约2mm并转动，以破坏半规管。

（4）比较已破坏一侧迷路的蛙与正常蛙静止时的姿势状态。

（5）比较此二蛙爬行或跳跃时的姿势与方向。

如用豚鼠，则使动物侧卧，提起一侧耳廓，用滴管滴入氯仿2滴。使动物保持侧卧位，

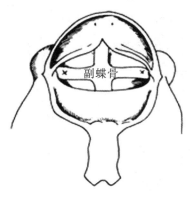

图25-1　蛙迷路的位置

不让头部扭动，约 10min，动物的头开始偏向迷路被麻醉的一侧。随即出现眼球震颤并可持续半小时之久。若任其自由活动，则可见动物偏向麻醉迷路一侧旋转。

### 注意事项

用豚鼠时，氯仿一定要滴入外耳道深处，如果滴入 2 滴不出现任何改变，可再滴入 2 滴。

### 思考题

（1）破坏蛙的一侧迷走神经后，它的反应如何？

（2）豚鼠的一侧迷走被麻醉后，它的反应如何？

## 实验二十六　人体腱反射检查

### 实验目的

1. 了解　腱反射检查的临床意义和注意事项。

2. 学习　对人体肱二头肌反射、肱三头肌反射、膝反射、跟腱反射的检查方法。

### 实验原理

腱反射是快速牵拉肌腱时引起的牵张反射，其反射中枢只涉及 1~2 个脊髓节段。临床上通过检查某些腱反射来了解脊髓反射弧的完整性和高位中枢对脊髓的控制。腱反射减弱或消失，提示该反射的传入、传出神经或脊髓反射中枢受到损害；腱反射亢进，提示高位中枢有病变。

### 实验对象

人。

### 实验用品

叩诊锤。

### 实验步骤

1. 肱二头肌反射　受检者端坐位，检查者用左手托住受检者屈曲的肘部，并用左前臂托住受检者的前臂，将左手拇指按在受检者肘窝肱二头肌肌腱上，然后右手持叩诊锤叩击检查者的左手拇指，正常反应为肘关节快速屈曲。

2.肱三头肌反射　受检者取坐位，检查者用左手托住受检者屈曲的肘部，右手持叩诊锤快速叩击其鹰嘴突上方约2cm处的肱三头肌肌腱，正常反应为肘关节伸直。

3.膝反射　受检者取坐位，两小腿自然下垂悬空，检查者持叩诊锤叩击膝盖下方股四头肌肌腱，表现为膝关节伸直。

4.跟腱反射　受检者一腿跪在坐凳上，踝关节以下悬空，检查者持叩诊锤叩击其跟腱，表现为足向跖面屈曲。

### 注意事项

（1）消除受检者的紧张情绪，检查时肢体肌肉应尽量放松。

（2）叩击肌腱的部位要准确，叩击的力量要适宜。

### 思考题

腱反射检查有哪些临床意义？

# 实验二十七　破坏小鼠一侧小脑的观察

### 实验目的

破坏小鼠一侧小脑观察其运动的改变。

### 实验原理

小脑是调节躯体运动的重要中枢。小脑参与平衡调节、肌张力的调节和协调随意运动。因此一侧小脑损伤时就会引起肌张力、随意运动的变化及平衡失调。

### 实验对象

小鼠。

### 实验用品

小动物手术器械1套，烧杯，乙醚，干棉球等。

### 实验步骤

（1）观察小鼠在实验桌上正常的活动情况，然后将小鼠置于倒扣的烧杯内，再放入一个浸透乙醚的棉球，使其麻醉。

（2）将麻醉后的小鼠俯卧位固定在蛙板上，沿头部正中线将头皮切（剪）开直达耳后部，用干棉球将顶间骨上一层薄的肌肉往后推压分离，使包于小脑外的顶间骨能更多地显示出来，通过透明的颅骨即可看到小脑的位置（图27-1）。

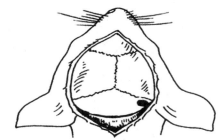

**图 27-1　小鼠小脑的位置示意图**
（图中黑点示刺入处）

（3）用探针尽量远离中线处穿透一侧顶间骨，进针1~2mm深，先伸向前方，再自前向后，将一侧小脑捣毁。取出探针，以棉球止血，放开缚绳，待小鼠清醒后，观察其活动，注意其姿势平衡及肢体的肌紧张状况。

### 思考题

（1）总结小脑对躯体的调节功能。

（2）小脑一侧损伤后动物的姿势和躯体运动有何异常？为什么？

## 实验二十八　大脑皮质运动区功能定位

### 实验目的

观察　大脑皮质对躯体运动的调节及定位关系。

### 实验原理

大脑皮质是调节躯体运动的最高级中枢，刺激大脑皮质运动区的不同部位，能引起躯体特定肌肉或肌群的收缩，且运动代表区面积的大小与运动的精细、复杂程度成比例。

### 实验对象

家兔。

📖 **实验用品**

哺乳动物手术器械 1 套，BL-420 生物功能实验系统，骨钻，小咬骨钳，骨蜡（或止血海绵），电刺激器，皮质电极，纱布，20%氨基甲酸乙酯，0.9%NaCl 溶液，液状石蜡等。

📖 **实验准备**

（1）取家兔 1 只，称体重后，自耳缘静脉注射 20%氨基甲酸乙酯（1g/kg 体重，注意麻醉勿过深），待麻醉后，背位固定于兔台上。

（2）剪去颈部的毛，自颈正中线切开皮肤，暴露气管，行气管插管术。

（3）将兔改为俯位固定，剪去头部的毛，由两眉间至枕部将头皮纵向切开，用刀柄剥离肌肉。在一侧顶骨上用骨钻开孔（勿损伤脑组织），再以咬骨钳小心伸入孔内，逐渐向四周咬骨以扩大创口。向前开至额骨前部， 向后开至顶骨后部及人字缝之前(切勿掀动人字缝前的顶骨，以免出血不止）。扩创时遇有出血，可用骨蜡止血。扩创后应暴露双侧大脑半球。

（4）用小镊子夹起脑膜并仔细剪开，暴露出大脑皮质，滴上少量液状石蜡。放松固定前后肢的绑绳。

📖 **实验步骤**

（1）以适宜强度的电脉冲（强度为 6~12V、波宽 1~2ms、频率 20~100Hz），分别刺激一侧大脑皮质的不同部位，观察引起的骨骼肌反应。

（2）画好兔大脑半球背面观轮廓图，将观察到的现象用符号分别标在图上（图 28-1）。

（3）在另一侧大脑皮质重复上述实验。

📖 **注意事项**

（1）麻醉不宜过深，否则将影响刺激的效应。若麻醉过浅妨碍手术进行时，可在头皮下局部注射普鲁卡因。

（2）注意止血和保护大脑皮质。

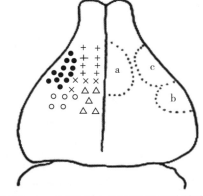

**图 28-1　刺激兔大脑皮质的运动效应**
a.中央后区；b.脑岛区；c.下颌运动区
●动头；○动下颌；△动前肢；
+动颜面肌和下颌；×动前肢和后肢

（3）注意掌握好刺激强度。反应不出现时，不可一味增加刺激强度，而应耐心调整各个刺激参数。

（4）刺激皮质引起的骨骼肌收缩，往往有较长的潜伏期，故每次刺激应持续5~10s 才能确定有无反应。

**附** 用 BL-420 生物功能实验系统做大脑皮质诱发电位实验

**实验步骤**

（1）按下图方式连接实验装置，记录大脑皮质诱发脑电的电极为单极银球电极，连接 BL-420 生物功能实验系统的普通引导电极末端的红色引导极接在银球电极上方，其余两个电极接在伤口处作为地线使用。

（2）用银针插入家兔的右前肢，刺激电极一端与 BL-420 生物功能实验系统的刺激输出端相连接，另一端则夹在银针上。

（3）选择"实验项目"→"中枢神经实验"→"大脑皮质诱发电位"实验模块，软件将自动设置实验参数并开始实验。

（4）用鼠标单击"刺激调节区"中的"启动/停止刺激"按钮发送刺激，在屏幕上会观察到大脑皮质诱发电位的波形，参见图 28-2。

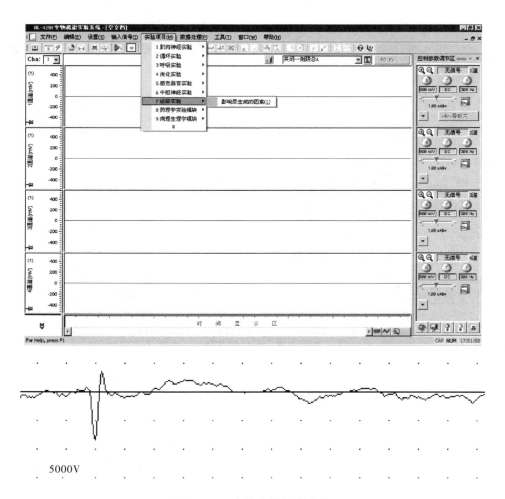

图 28-2　大脑皮质诱发电位

（5）单击工具条上的"停止"实验按钮（ ■ ）停止实验。

## 注意事项

（1）如果大脑皮质上面有血，需要止血并清理干净，否则会影响实验效果。

（2）该实验用刺激触发方式进行，即每刺激一次采样一次新的波形。

（3）如果在实验过程中，得不到大脑皮质诱发脑电波形，一方面可以增大刺激强度，另一方面可以移动银球电极的位置寻找刺激反应区。

## 思 考 题

（1）本实验中某些效应不易出现，皮质定位不准确等异常结果的可能原因有哪些？

（2）根据实验结果分析大脑皮质运动区对躯体运动的控制有何特征？

## 实验二十九　去大脑僵直

## 实验目的

观察 去大脑僵直现象，分析高位中枢对肌紧张的调节作用，理解脑干对肌紧张调节的作用机制。

## 实验原理

脑干对肌紧张的调节，主要是通过脑干网状结构易化区和抑制区的活动实现的。如在中脑上、下丘之间切断脑干，导致大脑皮质、纹状体等部位与脑干网状结构抑制区的功能联系丧失，则使抑制区活动减弱，而易化区活动相对增强，引起伸肌紧张增强，造成僵直现象。

## 实验对象

家兔。

## 实验用品

同实验二十八，用进行过该实验的动物进行。

### 实验步骤

（1）先将所开的创口向后扩展到枕骨结节，暴露双侧大脑半球的后缘。注意勿损伤矢状窦和横窦，以免引起大出血，并随时用骨蜡或止血海绵止血。

（2）松开动物四肢，左手将兔头托起并向前屈曲，右手用手术刀柄将大脑半球后缘向前拨动，露出四叠体（上丘较大，下丘较小）。在上、下丘之间横切一刀（图29-1），同时向左右拨动，将脑干完全切断。使兔侧卧，几分钟后，可见兔的躯体和四肢慢慢变硬伸直，头后仰，尾上翘，出现角弓反张的现象。

切断部　　　　　　　　　　　　　　　　去大脑僵直

**图29-1　去大脑僵直的脑部切断位置**

### 注意事项

（1）动物麻醉不宜过深，以免去大脑僵直现象不易出现。

（2）手术时，注意勿损伤矢状窦与横窦，避免大出血。

（3）切断部位要准确，过低将伤及延髓，导致呼吸停止；过高则不出现去大脑僵直现象，动物表现为切脑5~10min后仍未见僵直现象，而呼吸尚平稳，此刻可将兔头重新固定（使鼻骨前缘与桌面成60°角），在原切断面再向后2mm处重新垂直切一刀，此时往往可出现僵直现象。

（4）在切断动物脑干时，助手要牢固地把握住动物，使切断部位及方向准确。

### 思考题

（1）何为去大脑僵直？其产生的机制是什么？

（2）做完去大脑动物模型后，若僵直现象不明显，请分析其可能的原因有哪些？

# 实验三十　胰岛素引起低血糖的观察

## 实验目的

1. 了解　胰岛素的作用，分析其作用机制。
2. 观察　过量胰岛素引起低血糖反应。

## 实验原理

胰岛素是促进合成代谢和调节血糖浓度的重要激素。能促进全身各组织,特别是肝、肌肉和脂肪组织摄取、贮存和利用葡萄糖,从而使血糖水平下降。过量胰岛素则可导致低血糖。

## 实验对象

家兔或小鼠。

## 实验用品

注射器,胰岛素（4U/ml）,20%葡萄糖溶液等。

## 实验步骤

（1）取禁食 1~2 日的家兔或小鼠 2 只,分别从家兔耳缘静脉注入胰岛素 2~4U/kg 体重或小鼠皮下注射胰岛素,每次 2~5U。

（2）注射胰岛素后 2h 之内,观察动物有无精神不安、抽搐、休克等低血糖反应。如果注射胰岛素后 1h 不出现抽搐,可敲打动物,促使抽搐发生。

（3）反应出现后,立即沿家兔耳缘静脉注入 20%葡萄糖溶液 5~15ml,或小鼠腹腔注入 20%葡萄糖溶液 2~3ml,观察反应是否消失。另一家兔或小鼠则不注射葡萄糖,观察低血糖休克时的表现。

## 思考题

胰岛素的作用是什么?

# 下篇

## 学习指导

一、单项选择题

1. 可兴奋细胞兴奋时，共有的特征是产生

    A. 收缩                B. 分泌                      C. 神经冲动

    D. 动作电位         E. 分子运动

2. 兴奋性是指

    A. 细胞兴奋的外在表现

    B. 细胞对刺激产生动作电位的能力

    C. 细胞对刺激发生反应的过程

    D. 细胞对刺激产生动作电位的全过程

    E. 机体对刺激发生反射的过程

3. 衡量组织兴奋性高低的指标是

    A. 动作电位         B. 静息电位             C. 刺激强度变化率

    D. 反应强度         E. 阈值

4. 下列对阈值的叙述，错误的是

    A. 是指能引起组织发生兴奋的最小刺激强度

    B. 是指能引起组织产生动作电位的最小刺激强度

    C. 阈值即阈电位

    D. 是判断组织兴奋性高低的常用指标

    E. 组织的兴奋性与阈值成反比关系

5. 机体的内环境指的是

    A. 体液                B. 细胞内液               C. 细胞外液

    D. 细胞内液 + 细胞外液     E. 血液

6. 内环境稳态是指

    A. 细胞内液理化性质保持不变

    B. 细胞外液理化性质保持不变

    C. 细胞内液的化学成分相对恒定

D. 细胞外液的化学成分相对恒定

E. 细胞外液的理化性质相对恒定

7. 维持机体稳态的调节方式主要是

    A. 神经调节                B. 体液调节                C. 自身调节

    D. 正反馈调节            E. 负反馈调节

8. 人体生命活动最基本的特征是

    A. 物质代谢                B. 新陈代谢                C. 适应性

    D. 应激性                  E. 自控调节

9. 神经调节和体液调节相比较,下列说法错误的是

    A. 神经调节发生快                B. 神经调节作用时间短

    C. 神经调节的范围比较广           D. 神经调节是通过反射实现的

    E. 神经调节起主导作用

10. 关于体液调节的叙述,正确的是

    A. 化学物质都是通过血液循环运送       B. 化学物质包括细胞代谢产物如 $CO_2$

    C. 反应较迅速                 D. 作用部位精确,点对点

    E. 作用持续时间短暂

11. 人体的体液约占体重的

    A. 60%                   B. 40%                   C. 20%

    D. 5%                     E. 15%

12. 神经调节的特点是

    A. 作用迅速、精确、短暂           B. 作用缓慢、广泛、持久

    C. 有负反馈                  D. 有生物节律

    E. 有前瞻性

13. 下列各项调节中,不属于正反馈调节的是

    A. 分娩                    B. 排便反射               C. 血液凝固

    D. 减压反射             E. 排尿反射

14. 关于组织兴奋性与阈值的关系,下列说法正确的是

    A. 阈值愈小,兴奋性愈高          B. 阈值愈大,兴奋性愈高

    C. 阈值不变,兴奋性降低          D. 阈值不变,兴奋性改变

    E. 阈值改变,兴奋性不变

15. 神经调节的基本方式是

    A. 适应                    B. 反应                   C. 反馈

    D. 反射                    E. 调节

16. 下列不属于内环境的是
   A. 血浆        B. 淋巴液        C. 细胞内液
   D. 组织液        E. 脑脊液

17. 人体生理学的任务是阐明
   A. 人体与外环境之间的关系        B. 人体体液调节的规律
   C. 人体神经调节的规律        D. 人体正常功能活动的规律
   E. 人体自身调节的规律

18. 运动员进入比赛场地，心血管、呼吸活动便开始增强，属于
   A. 神经调节        B. 体液调节        C. 自身调节
   D. 正反馈调节        E. 负反馈调节

19. 机体对适宜刺激所产生的反应，由活动状态转变为相对静止状态称为
   A. 兴奋反应        B. 抑制反应        C. 双向反应
   D. 无反应        E. 适应反应

20. 下列生理过程中，属于负反馈调节的是
   A. 分娩        B. 排便反射        C. 血液凝固
   D. 减压反射        E. 排尿反射

21. 细胞外液约占体重的
   A. 60%        B. 40%        C. 20%
   D. 5%        E. 15%

22. 能引起机体发生反应的各种环境变化，统称为
   A. 反射        B. 刺激        C. 兴奋
   D. 阈值        E. 反应

23. 能比较迅速地反映机体内环境变化状况的体液是
   A. 细胞内液        B. 脑脊液        C. 组织液
   D. 淋巴液        E. 血浆

24. 正常人体内环境的理化特性经常保持在什么状态
   A. 固定不变        B. 绝对平衡        C. 相对恒定
   D. 随机多变        E. 与外界一致

25. 动脉压力感受性反射调节属于
   A. 正反馈调节        B. 负反馈调节        C. 自身调节
   D. 前馈调节        E. 以上都不对

26. 破坏反射弧中任何一个环节，下列哪一种调节将无法完成
   A. 神经调节        B. 体液调节        C. 自身调节

D. 自分泌调节 　　　　　E. 旁分泌调节

27. 机体处于寒冷环境时，甲状腺激素分泌增多属于

A. 负反馈调节 　　　　　B. 体液调节 　　　　　C. 自身调节

D. 神经调节 　　　　　E. 神经 – 体液调节

28. 胰岛 B 细胞分泌胰岛素降低血糖，属于

A. 神经调节 　　　　　B. 体液调节 　　　　　C. 自身调节

D. 负反馈调节 　　　　　E. 正反馈调节

29. 人体最重要的调节机制是

A. 神经调节 　　　　　B. 局部性体液调节 　　　　　C. 自身调节

D. 全身性体液调节 　　　　　E. 正反馈调节

30. 全身动脉血压变动在 80~180mmHg 内，肾血流量仍保持相对稳定，这属于

A. 神经调节 　　　　　B. 体液调节 　　　　　C. 自身调节

D. 负反馈调节 　　　　　E. 正反馈调节

二、多项选择题

1. 下列关于反射的描述，正确的是

A. 在中枢神经系统的参与下发生的适应性反应

B. 结构基础为反射弧

C. 是神经系统活动的基本过程

D. 没有大脑则不能发生反射

E. 没有脊髓则不能发生反射

2. 下列哪些部分是反射弧中含有的成分

A. 感受器 　　　　　B. 效应器 　　　　　C. 突触

D. 传入神经 　　　　　E. 传出神经

3. 神经调节的特点是

A. 出现反应快 　　　　　B. 持续时间短

C. 局限而精确 　　　　　D. 能为生理反应提供能量

E. 是机体最主要的调节方式

4. 下列哪些属于细胞、分子水平的研究

A. 化学突触传递的原理 　　　　　B. 骨骼肌收缩的原理

C. 运动时呼吸运动的变化 　　　　　D. 心脏的泵血过程

E. 血液在心血管中的流动规律

5. 体液调节的特点是

A. 缓慢 　　　　　B. 广泛 　　　　　C. 持久

D. 迅速　　　　　　　　E. 短暂

6. 自身调节的特点是

A. 准确　　　　　　　B. 稳定　　　　　　　C. 局限

D. 灵敏度较差　　　　E. 调节幅度较小

7. 下列哪些现象中存在正反馈调节

A. 排尿过程　　　　　B. 排便过程　　　　　C. 分娩过程

D. 血液凝固过程　　　E. 心室肌细胞动作电位 0 期去极化时的 $Na^+$ 内流

8. 关于非条件反射的概念下列叙述正确的是

A. 先天固有的　　　　　　　　B. 是一种高级神经活动

C. 数量有限　　　　　　　　　D. 有固定反射弧

E. 在生理情况下可以消退

9. 下列关于稳态的描述，哪些是正确的

A. 维持内环境理化性质相对恒定的状态，称为稳态

B. 稳态是机体的各种调节机制维持的一种动态平衡状态

C. 负反馈调节是维持内环境稳态的重要途径

D. 稳态的调定点是固定不变的

E. 稳态是维持细胞正常功能的必要条件

第二章
# 细胞的基本功能

## 一、单项选择题

1. 下述不属于载体易化扩散特点的是

    A. 高度特异性　　　　　B. 电压依赖性　　　　　C. 饱和现象

    D. 竞争性抑制　　　　　E. 与膜通道无关

2. 物质逆电 – 化学梯度通过细胞膜属于

    A. 被动转运　　　　　　B. 单纯扩散　　　　　　C. 主动转运

    D. 易化扩散　　　　　　E. 吞噬作用

3. 神经递质释放的过程属于

    A. 单纯扩散　　　　　　B. 载体转运　　　　　　C. 通道转运

    D. 主动转运　　　　　　E. 出胞作用

4. 细胞膜内、外正常的 $Na^+$ 和 $K^+$ 浓度差的形成和维持是由于

    A. ATP 作用　　　　　　B. $Na^+$ 易化扩散　　　　C. $K^+$ 易化扩散

    D. Na 泵活动　　　　　　E. $Na^+$、$K^+$ 通道开放

5. 钠泵活动最重要的意义是

    A. 维持细胞内高钾　　　B. 防止细胞肿胀　　　　C. 建立势能储备

    D. 消耗多余的 ATP　　　E. 维持细胞外高钙

6. 钠泵的化学本质是

    A. 蛋白水解酶　　　　　B. 胆碱酯酶　　　　　　C. $Na^+$–$K^+$ 依赖式 ATP 酶

    D. 受体蛋白　　　　　　E. 糖蛋白

7. 在细胞膜蛋白质"帮助"下物质通过细胞膜顺浓度梯度或电位梯度转运的方式是

    A. 被动转运　　　　　　B. 主动转运　　　　　　C. 单纯扩散

    D. 易化扩散　　　　　　E. 吞噬作用

8. 安静时 $K^+$ 外流属于

    A. 单纯扩散　　　　　　B. 易化扩散　　　　　　C. 原发性主动转运

    D. 继发性主动转运　　　E. 出胞作用

9. 与单纯扩散相比，易化扩散的特点是

    A. 顺浓度差转运　　　　　　　　　　B. 不耗能

    C. 需要膜蛋白质的帮助　　　　　　　D. 是水溶性物质跨膜转运的主要方式

    E. 是离子扩散的主要方式

10. 在生理情况下，每分解一个 ATP 分子，钠泵能使

    A. 两个 $Na^+$ 移出膜外，同时有三个 $K^+$ 移入膜内

    B. 三个 $Na^+$ 移出膜外，同时有两个 $K^+$ 移入膜内

    C. 两个 $Na^+$ 移入膜内，同时有三个 $K^+$ 移出膜外

    D. 三个 $Na^+$ 移入膜外，同时有两个 $K^+$ 移出膜内

    E. 两个 $Na^+$ 移入膜外，同时有两个 $K^+$ 移出膜内

11. 主动转运、单纯扩散和易化扩散的共同点是

    A. 物质均是以分子或离子的形式转运　　　B. 物质均是以结合形式通过细胞膜

    C. 均为耗能过程　　　　　　　　　　　　D. 均为不耗能过程

    E. 均依靠膜蛋白帮助

12. 肾小管液中的葡萄糖重吸收是通过什么实现的

    A. 单纯扩散　　　　　　B. 主动转运　　　　　　C. 易化扩散

    D. 入胞作用　　　　　　E. 出胞作用

13. 神经 – 骨骼肌接头处兴奋传递的特点不包括

    A. 一对一关系　　　　　B. 时间延搁　　　　　　C. 双向传递

    D. 易受环境因素影响　　E. 入胞作用易受药物影响

14. 可兴奋细胞包括

    A. 神经细胞、肌细胞　　　　　　　　B. 腺细胞、肌细胞

    C. 神经细胞、腺细胞　　　　　　　　D. 神经细胞、肌细胞、腺细胞

    E. 神经细胞、肌细胞、骨细胞

15. 神经细胞动作电位上升支的产生是

    A. $K^+$ 内流　　　　　　B. $K^+$ 外流　　　　　　C. $Na^+$ 内流

    D. $Na^+$ 外流　　　　　E. $Cl^-$ 内流

16. 神经细胞动作电位下降支的产生是

    A. $K^+$ 内流　　　　　　B. $K^+$ 外流　　　　　　C. $Na^+$ 内流

    D. $Na^+$ 外流　　　　　E. $Cl^-$ 内流

17. 引起动作电位的刺激必须是

    A. 物理刺激　　　　　　B. 化学刺激　　　　　　C. 电刺激

    D. 阈下刺激　　　　　　E. 阈刺激或阈上刺激

18. 动作电位在同一细胞传导，下列说法错误的是

    A. 局部电流                     B. 衰减性传导

    C. 双向传导                    D. 传导速度与神经纤维直径有关

    E. 动作电位幅度与刺激强度无关

19. 乙醇进入细胞是

    A. 单纯扩散           B. 经通道易化扩散         C. 原发性主动转运

    D. 出胞               E. 入胞

20. 动作电位的"全或无"特性是指同一细胞的电位幅度

    A. 不受细胞外 $Na^+$ 浓度影响        B. 不受细胞外 $K^+$ 浓度影响

    C. 与刺激强度和传导距离无关        D. 与静息电位无关

    E. 与 $Na^+$ 通道复活的量无关

21. 骨骼肌收缩的基本功能单位是

    A. 肌原纤维           B. 细肌丝              C. 肌纤维

    D. 粗肌丝             E. 肌小节

22. 能阻断神经 – 肌肉接头传递的药物是

    A. 阿托品           B. 肾上腺素          C. 乙酰胆碱

    D. 筒箭毒           E. 新斯的明

23. 在神经 – 肌肉接头处，清除乙酰胆碱的酶是

    A. ATP 酶           B. 胆碱二酯酶         C. 胆碱酯酶

    D. 脂肪酶           E. 腺苷酸环化酶

24. 有机磷中毒时，骨骼肌产生痉挛是由于什么引起的

    A. 乙酰胆碱释放减少      B. 乙酰胆碱释放增加      C. 神经兴奋性升高

    D. 终板膜上受体增多      E. 胆碱酯酶活性降低

25. 主动转运的主要特点是

    A. 顺浓度差           B. 顺电位差            C. 需要消耗能量

    D. 不需要载体转运       E. 通过通道运行

26. 内分泌细胞分泌激素的过程属于

    A. 主动转运           B. 单纯扩散            C. 出胞作用

    D. 载体转运           E. 通道转运

27. 下列关于载体转运的叙述中，哪项是错误的

    A. 顺浓度差转运        B. 只转运大分子物质     C. 具有特异性

    D. 具有饱和性       E. 存在竞争性

28. 细菌进入细胞的过程属于

    A. 主动转运             B. 单纯扩散                     C. 入胞作用

    D. 载体转运             E. 通道转运

29. 关于骨骼肌的收缩机制，下列哪项是错误的

    A. 引起兴奋 – 收缩耦联的离子是 $Ca^{2+}$        B. 细肌丝向粗肌丝滑行

    C. $Ca^{2+}$ 与横桥结合                     D. 横桥与肌动蛋白结合

    E. 肌小节缩短

30. 组织处于绝对不应期，其兴奋性

    A. 为零                  B. 高于正常                   C. 低于正常

    D. 无限大             E. 正常

31. 下列哪项不是单根神经纤维动作电位的特征

    A. 全或无                          B. 不衰减性传导

    C. 脉冲式                         D. $Na^+$ 和 $K^+$ 通道不同时开放

    E. 通过化学门控通道产生

32. 神经纤维由 $K^+$ 平衡电位转变为 $Na^+$ 平衡电位，形成

    A. 局部反应             B. 动作电位去极化            C. 静息电位

    D. 终板电位             E. 动作电位复极化

33. 钠泵能逆浓度差主动转运 $Na^+$ 和 $K^+$，其转运方向是

    A. 将 $Na^+$、$K^+$ 转入细胞内

    B. 将 $Na^+$、$K^+$ 转出细胞外

    C. 将 $Na^+$ 转出细胞外，将 $K^+$ 转入细胞内

    D. 将 $Na^+$ 转入细胞内，将 $K^+$ 转出细胞外

    E. 以上均不是

34. 神经细胞的膜电位稳定于 $-70mV$ 时称为

    A. 极化                     B. 去极化                   C. 超极化

    D. 反极化             E. 复极化

35. 需要消耗能量的生理过程是

    A. 产生静息电位的 $K^+$ 外流           B. 动作电位去极相的 $Na^+$ 内流

    C. 动作电位复极相的 $K^+$ 外流        D. 动作电位产生后离子的恢复过程

    E. 葡萄糖进入红细胞

36. 细胞处于安静状态时，细胞膜对于下述哪种离子的通透性最大

    A. $Na^+$                   B. $K^+$                     C. $Ca^{2+}$

    D. $Mg^{2+}$             E. $Cl^-$

37. 以下不属于易化扩散过程的是

    A. 葡萄糖转运进入红细胞内　　　　B. 兴奋时的 $Na^+$ 内流

    C. 动作电位产生后离子的恢复过程　D. 静息时的 $K^+$ 外流

    E. 复极相的 $K^+$ 外流

38. 下列哪一种物质跨膜转运属于经通道易化扩散

    A. 葡萄糖由肠上皮细胞吸收　　　　B. $Na^+$ 由细胞内移出到膜外

    C. 神经末梢释放神经递质　　　　　D. 静息状态下，细胞内 $K^+$ 向膜外扩散

    E. $O_2$ 和 $CO_2$ 进入细胞

39. 细胞内液中的主要阳离子是

    A. $Ca^{2+}$　　　　　　B. $Na^+$　　　　　　C. $Mg^{2+}$

    D. $K^+$　　　　　　　E. $Fe^{2+}$

40. 随着刺激强度的增加，正常动作电位的传导幅度

    A. 不变　　　　　　　B. 不规则　　　　　　C. 不断增大

    D. 逐步减小　　　　　E. 以上都不对

41. 神经纤维接受刺激而兴奋时，膜内电位从 –70mV 变为 0mV 的过程称为

    A. 极化　　　　　　　B. 去极化　　　　　　C. 超极化

    D. 反极化　　　　　　E. 复极化

42. 神经纤维在兴奋过程中，膜内电位从 +30mV 变为静息时的电位水平的过程称为

    A. 极化　　　　　　　B. 去极化　　　　　　C. 超极化

    D. 反极化　　　　　　E. 复极化

43. 骨骼肌兴奋 – 收缩耦联的结构基础是

    A. 肌小节　　　　　　B. 横管　　　　　　　C. 三联体

    D. 运动终板　　　　　E. 纵管

44. 刺激阈值指的是

    A. 用最小刺激强度，刚刚引起组织兴奋的最短作用时间

    B. 保持一定的刺激强度不变，能引起组织兴奋的最适作用时间

    C. 保持一定的刺激时间和强度 – 时间变化率不变，引起组织发生兴奋的最小刺激强度

    D. 刺激时间不限，能引起组织兴奋的最适刺激强度

    E. 刺激时间不限，能引起组织最大兴奋的最小刺激强度

45. 关于神经纤维的静息电位，下述哪项是错误的

    A. 它是膜外为正，膜内为负的电位

    B. 相当于 $K^+$ 的平衡电位

C. 不同的细胞，其大小可以不同

D. 它是个稳定的电位

E. 相当于 $Na^+$ 的平衡电位

46. 神经细胞静息电位的形成机制是

A. $K^+$ 平衡电位

B. $K^+$ 外流 + $Na^+$ 内流

C. $K^+$ 外流 + $Cl^-$ 外流

D. $Na^+$ 内流 + $Cl^-$ 内流

E. $Na^+$ 内流 + $K^+$ 内流

47. 关于动作电位的叙述，错误的是

A. 是细胞兴奋的标志

B. 其上升支包括去极化和反极化过程

C. 其下降支是复极化过程

D. 细胞受刺激后必定产生动作电位

E. 动作电位的产生是全或无的

48. 下列关于细胞动作电位的叙述，正确的是

A. 动作电位传导幅度可变

B. 动作电位是兴奋性的标志

C. 阈下刺激引起低幅动作电位

D. 动作电位幅度随刺激强度变化

E. 动作电位以局部电流方式传导

49. 激活钠泵后膜内外离子变化是

A. $Na^+$ 和 $K^+$ 的变化

B. $Na^+$ 的变化

C. $K^+$ 的变化

D. $Ca^{2+}$ 的变化

E. $Cl^-$ 的变化

50. 细胞外液中的主要阳离子是

A. $Ca^{2+}$

B. $K^+$

C. $Mg^{2+}$

D. $Na^+$

E. $Fe^{2+}$

51. 兴奋性为零的时相是

A. 绝对不应期

B. 相对不应期

C. 超常期

D. 低常期

E. 静息期

52. 有关易化扩散的叙述，错误的是

A. 从高浓度侧向低浓度侧转运

B. 有机小分子物质的转运以载体为中介

C. 消耗能量

D. 离子的转运以通道为中介

E. 具有特异性

53. 在动作电位产生过程中，$K^+$ 外流引起

A. 极化

B. 去极化

C. 复极化

D. 超极化

E. 反极化

54. 神经、肌肉和腺体兴奋的共同标志是

    A. 肌肉收缩          B. 腺体分泌          C. 局部电位

    D. 动作电位          E. 突触后电位

55. 不需要细胞膜蛋白帮助的物质转运过程是

    A. $Na^+$ 和 $K^+$ 逆浓度梯度通过细胞膜          B. $Na^+$ 的跨膜扩散

    C. $K^+$ 的跨膜扩散          D. 葡萄糖进入组织细胞

    E. 氧气进入红细胞

56. 下列哪项是不需要耗能的物质转运过程

    A. $Na^+$ 运出细胞外          B. $K^+$ 进入细胞内

    C. 神经递质的释放          D. $Na^+$ 进入细胞内

    E. 胃蛋白酶原的分泌

57. 神经 – 骨骼肌接头处的化学递质是

    A. 肾上腺素          B. 去甲肾上腺素          C. 乙酰胆碱

    D. 5– 羟色胺          E. 甘氨酸

58. 组织对刺激发生反应的能力或特性称为

    A. 兴奋性          B. 抑制          C. 兴奋

    D. 反射          E. 反应

59. 阈刺激的概念是

    A. 引起组织兴奋的最小刺激强度

    B. 引起组织兴奋的最小刺激作用时间

    C. 引起组织抑制的最小刺激强度

    D. 强度为阈值的刺激

    E. 时间为无限长的刺激

60. 大分子物质或团块通过细胞膜转运的方式是

    A. 易化扩散          B. 单纯扩散          C. 主动转运

    D. 继发性主动转运          E. 入胞或出胞

61. 用强度为阈值两倍的刺激作用于神经纤维，下列哪项描述是正确的

    A. 所产生的动作电位幅值增大一倍

    B. 去极化速度增大一倍

    C. 动作电位传导速度增大一倍

    D. 阈电位增大一倍

    E. 以上各参数与阈值刺激时一样

62. 兴奋时 $Na^+$ 由细胞外进入细胞内属于

    A. 单纯扩散             B. 易化扩散             C. 原发性主动转运

    D. 继发性主动转运          E. 出胞作用

63. 下列各项在突触前末梢释放递质中的作用最关键的是

    A. 动作电位到达神经末梢             B. 神经末梢去极化

    C. 神经末梢处的 $Na^+$ 内流             D. 神经末梢处的 $K^+$ 外流

    E. 神经末梢处的 $Ca^{2+}$ 内流

64. 下列选项中具有 "全或无" 特征的电活动是

    A. 动作电位             B. 终板电位             C. 感受器电位

    D. 发生器电位             E. 突触后电位

65. 葡萄糖进入红细胞内属于

    A. 单纯扩散             B. 易化扩散             C. 原发性主动转运

    D. 继发性主动转运          E. 出胞作用

66. 动作电位到达运动神经末梢时引起

    A. $Na^+$ 内流             B. $Cl^-$ 内流             C. $Ca^{2+}$ 内流

    D. $K^+$ 内流             E. $K^+$ 外流

67. 肌肉受到一次阈下刺激时，出现

    A. 一次单收缩             B. 一连串单收缩             C. 无收缩反应

    D. 不完全强直收缩          E. 完全强直收缩

68. 组成粗肌丝主干的是

    A. 肌凝蛋白             B. 肌纤蛋白             C. 肌凝蛋白和肌纤蛋白

    D. 肌钙蛋白             E. 肌钙蛋白和原肌凝蛋白

69. 肾小管重吸收氨基酸属于

    A. 单纯扩散             B. 易化扩散             C. 原发性主动转运

    D. 继发性主动转运          E. 出胞作用

70. 肌肉受到一次阈上刺激时，出现

    A. 一次单收缩             B. 一连串单收缩             C. 无收缩反应

    D. 不完全强直收缩          E. 完全强直收缩

71. 神经纤维兴奋产生和传导的标志是

    A. 极化状态             B. 局部去极化电位             C. 局部超极化电位

    D. 阈电位水平下移          E. 动作电位

72. 细胞膜的物质转运中，$Na^+$ 或 $K^+$ 跨膜转运的方式是

    A. 单纯扩散             B. 易化扩散             C. 主动转运

D. 易化扩散和主动转运　　　E. 单纯扩散和主动转运

73. 神经细胞膜在受刺激而兴奋时通透性最大的离子是

A. $Na^+$ 　　　　　　B. $K^+$ 　　　　　　C. $HCO_3^-$

D. $Ca^{2+}$ 　　　　　　E. $Cl^-$

74. 在动作电位产生过程中,去极化至零电位后膜电位进一步变正,称为

A. 极化 　　　　　　B. 去极化 　　　　　　C. 复极化

D. 超极化 　　　　　　E. 反极化

75. 刺激引起兴奋的基本条件是使膜电位去极化达到

A. 锋电位 　　　　　　B. 阈电位 　　　　　　C. 局部兴奋

D. 去极化后电位 　　　　　　E. 超极化后电位

76. 横桥是哪种蛋白的一部分

A. 肌凝蛋白 　　　　　　B. 肌纤蛋白 　　　　　　C. 肌凝蛋白和肌纤蛋白

D. 肌钙蛋白 　　　　　　E. 肌钙蛋白和原肌凝蛋白

77. 可兴奋细胞受阈或阈上刺激可产生

A. 动作电位 　　　　　　B. 阈电位 　　　　　　C. 局部兴奋

D. 去极化后电位 　　　　　　E. 超极化后电位

78. 产生生物电的跨膜离子移动主要属于

A. 单纯扩散 　　　　　　B. 入胞 　　　　　　C. 出胞

D. 通道中介的易化扩散 　　　E. 载体中介的易化扩散

79. 心肌细胞动作电位平台期 $Ca^{2+}$ 内流属于

A. 单纯扩散 　　　　　　B. 易化扩散 　　　　　　C. 原发性主动转运

D. 继发性主动转运 　　　　　　E. 出胞作用

80. 组成细肌丝主干的是

A. 肌凝蛋白 　　　　　　B. 肌动蛋白 　　　　　　C. 肌凝蛋白和肌纤蛋白

D. 肌钙蛋白 　　　　　　E. 肌钙蛋白和原肌凝蛋白

81. $Na^+$ 由细胞内转移到细胞外属于

A. 单纯扩散 　　　　　　B. 易化扩散 　　　　　　C. 原发性主动转运

D. 继发性主动转运 　　　　　　E. 出胞作用

82. 神经细胞在接受一次阈上刺激后,兴奋性的周期性变化顺序是

A. 相对不应期 – 绝对不应期 – 超常期 – 低常期

B. 相对不应期 – 低常期 – 绝对不应期 – 超常期

C. 绝对不应期 – 相对不应期 – 超常期 – 低常期

D. 绝对不应期 – 相对不应期 – 低常期 – 超常期

E. 低常期 – 绝对不应期 – 超常期 – 相对不应期

83. 判断组织兴奋性高低的指标是

    A. 阈值              B. 阈电位                 C. 刺激频率

    D. 刺激的最短作用时间        E. 刺激的强度 – 时间变化率

84. 人体内 $O_2$、$CO_2$ 和 $NH_3$ 进出细胞膜属于

    A. 单纯扩散            B. 易化扩散             C. 原发性主动转运

    D. 继发性主动转运      E. 出胞作用

85. 下列关于 $Na^+$–$K^+$ 泵的描述，错误的是

    A. 仅分布在可兴奋细胞的细胞膜上

    B. 是一种镶嵌在细胞膜上的蛋白质

    C. 具有分解 ATP 而获得能量的功能

    D. 能将 $Na^+$ 移出细胞外，将 $K^+$ 移入细胞内

    E. 对生物电的产生具有重要意义

86. 肌丝滑行时，横桥必须与之相结合的蛋白是

    A. 肌凝蛋白           B. 肌动蛋白           C. 肌凝蛋白和肌纤蛋白

    D. 肌钙蛋白           E. 肌钙蛋白和原肌凝蛋白

87. 神经纤维静息电位的大小接近于

    A. $K^+$ 的平衡电位      B. $Na^+$ 的平衡电位      C. $Cl^-$ 的平衡电位

    D. $Ca^{2+}$ 的平衡电位     E. $Mg^{2+}$ 的平衡电位

88. 神经细胞动作电位的幅度接近于

    A. $Na^+$ 的平衡电位      B. $K^+$ 的平衡电位       C. $Ca^{2+}$ 的平衡电位

    D. A 选项和 B 选项的差    E. 锋电位减去后电位

89. 阈值最低的时相是

    A. 绝对不应期         B. 相对不应期         C. 超常期

    D. 低常期和静息期     E. 静息期

90. 神经纤维一次兴奋后，在兴奋的周期性变化中兴奋性最高的时相是

    A. 绝对不应期         B. 相对不应期         C. 低常期

    D. 超常期              E. 绝对不应期和相对不应期

二、多选选择题

1. 关于细胞膜结构和功能的叙述，正确的是

    A. 细胞膜主要由脂质、蛋白质等组成

    B. 在膜的脂质中以磷脂类为主，其次是胆固醇及少量的鞘脂类

    C. 膜脂质都是一些双嗜性分子

D. 细胞膜蛋白质的种类及含量越多，其功能越复杂

E. 脂质双分子层包含的自由能最高，故最为稳定

2. 下列对于细胞膜的描述，正确的是

A. 细胞膜是一个具有特殊结构和功能的半透性膜

B. 细胞膜中镶嵌着具有不同生理功能的蛋白质

C. 细胞膜是细胞和它所处环境之间物质交换的必经场所

D. 细胞膜是细胞外的各种刺激影响细胞功能活动的必由途径

E. 大分子物质在一定条件下，也能通过细胞膜

3. 对单纯扩散速度有影响的因素是

A. 膜通道的激活　　　　B. 膜对该物质的通透性　　　C. 物质的脂溶性

D. 物质分子量的大小　　E. 膜两侧的浓度差

4. 属于继发性主动转运的是

A. 肾小管上皮细胞对葡萄糖的吸收　　　B. 肠上皮细胞由肠腔吸收氨基酸

C. $O_2$ 的跨膜转运　　　　　　　　　　D. 单胺类递质的再摄取

E. 甲状腺细胞的聚碘作用

5. 在下列跨膜物质转运形式中属于被动过程的有

A. 单纯扩散　　　　　　　　　B. 通道介导的易化扩散

C. 载体介导的易化扩散　　　　D. 出胞

E. 入胞

6. $Na^+$ 通过细胞膜的方式有

A. 单纯扩散　　　　B. 主动转运　　　　C. 易化扩散

D. 入胞　　　　　　E. 出胞

7. $Ca^{2+}$ 通过骨骼肌细胞肌浆网膜的方式有

A. 单纯扩散　　　　　　　　　B. 主动转运

C. 由通道介导的易化扩散　　　D. 由载体介导的易化扩散

E. 入胞

8. 关于 $K^+$ 进入细胞内的叙述，错误的是

A. 不耗能　　　　　B. 借助泵　　　　C. 借助通道

D. 被动过程　　　　E. 顺浓度梯度

9. 属于经通道易化扩散的特点是

A. 高速度　　　　B. 饱和现象　　　　C. 有选择性

D. 竞争性抑制　　E. 通道的开关有一定条件

10. 经载体易化扩散的特点是

    A. 有饱和性            B. 有结构特异性          C. 有电压依赖性

    D. 有竞争性抑制       E. 与膜通道蛋白质有关

11. 原发性主动转运的特点是

    A. 直接分解 ATP 为能量来源         B. 逆电 – 化学梯度进行

    C. 有转运体蛋白的参与            D. 有泵蛋白的参与

    E. 有载体蛋白的参与

12. 关于钠泵的叙述，正确的是

    A. 是 $Na^+$–$K^+$ 依赖式 ATP 酶的蛋白质

    B. 逆着浓度差把细胞内的 $Na^+$ 移出膜外，同时把细胞外的 $K^+$ 移入膜内

    C. 细胞膜内高 $K^+$ 是许多代谢反应进行的必要条件

    D. 维持正常的渗透压

    E. 建立的势能贮备是可兴奋组织兴奋性的基础

13. 下列关于细胞生物电现象的描述，正确的是

    A. 只要细胞未受刺激、生理条件不变，静息电位将持续存在

    B. 细胞处于静息电位时，膜内电位较膜外电位为负的状态称为膜的极化

    C. 动作电位的大小不随刺激强度和传导距离而改变

    D. 动作电位是一种快速、可逆的电变化

    E. 细胞的跨膜电变化在整体功能活动中无关紧要

14. 兴奋性是指

    A. 活的组织或细胞对外界刺激发生反应的能力

    B. 活的组织或细胞对外界刺激发生反应的过程

    C. 细胞在受刺激时产生动作电位的能力

    D. 细胞在受刺激时产生动作电位的过程

    E. 动作电位就是兴奋性

一、单项选择题

1. 血细胞比容是指血细胞

    A. 与血浆容积之比

    C. 与白细胞容积之比

    E. 在血液中所占的容积百分比

    B. 与血管容积之比

    D. 在血液中所占的重量百分比

2. 全血的比重主要决定于

    A. 血浆蛋白含量

    C. 红细胞数量

    E. NaCl 的浓度

    B. 渗透压的高低

    D. 白细胞数量

3. 关于比重，以下叙述正确的是

    A. 红细胞 > 血液 > 血浆

    C. 血浆 > 红细胞 > 血液

    E. 血液 > 红细胞 > 血浆

    B. 血液 > 血浆 > 红细胞

    D. 红细胞 > 血浆 > 血液

4. 全血的黏滞性主要取决于

    A. 血浆蛋白含量

    C. 白细胞数量

    E. NaCl 的浓度

    B. 红细胞数量

    D. 红细胞的叠连

5. 有关血浆蛋白质的生理功能的叙述，错误的是

    A. 参与凝血和抗凝

    C. 缓冲血浆酸碱度

    E. 维持细胞内外水平衡

    B. 参与机体免疫

    D. 形成血浆胶体渗透压

6. 下列关于血浆胶体渗透压的叙述，正确的是

    A. 数值约为 200mOsm

    C. 胶体渗透压大于晶体渗透压

    E. 血浆胶体渗透压在维持血容量中有重要作用

    B. 与 0.5% 葡萄糖溶液的渗透压相等

    D. 与 9% NaCl 溶液的渗透压相等

7. 等渗溶液是指渗透压

    A. 大于血浆渗透压　　　　　　　　　　B. 小于血浆渗透压

    C. 相近或等于血浆渗透压　　　　　　　D. 等于 10% 葡萄糖溶液渗透压

    E. 等于 0.35% NaCl 溶液渗透压

8. 下列哪项不是血浆蛋白的生理功能

    A. 运输 $O_2$ 和 $CO_2$　　　　　　　　　B. 缓冲功能

    C. 参与生理止血　　　　　　　　　　　D. 参与机体的免疫功能

    E. 维持血浆胶体渗透压

9. 下列哪项为等张溶液

    A. 0.85%NaCl 溶液　　　　　　　　　　B. 10% 葡萄糖溶液

    C. 1.9% 尿素溶液　　　　　　　　　　 D. 20% 甘露醇溶液

    E. 0.85% 葡萄糖溶液

10. 形成血浆胶体渗透压的主要物质是

    A. 无机盐　　　　　　　　　　　　　　B. 葡萄糖

    C. 白蛋白　　　　　　　　　　　　　　D. 纤维蛋白

    E. 球蛋白

11. 血浆胶体渗透压的生理作用是

    A. 调节血管内外水的交换　　　　　　　B. 调节细胞内外水的交换

    C. 维持细胞正常体积　　　　　　　　　D. 维持细胞正常形态

    E. 决定血浆总渗透压

12. 形成血浆晶体渗透压的主要物质是

    A. NaCl　　　　　　　　　　　　　　　B. 葡萄糖

    C. 白蛋白　　　　　　　　　　　　　　D. $NaHCO_3$

    E. 尿素

13. 影响红细胞内、外水分正常分布的因素主要是

    A. 血浆胶体渗透压　　　　　　　　　　B. 血浆晶体渗透压

    C. 组织液胶体渗透压　　　　　　　　　D. 组织液静水压

    E. 毛细血管血压

14. 血浆晶体渗透压明显降低时会导致

    A. 组织液增多　　　　　　　　　　　　B. 红细胞膨胀

    C. 红细胞皱缩　　　　　　　　　　　　D. 红细胞不变

    E. 体液减少

15. 关于构成血浆胶体渗透压的叙述，错误的是

    A. 球蛋白                        B. 纤维蛋白原

    C. 白蛋白                        D. 血红蛋白

    E. $\alpha_2$ 巨球蛋白

16. 在 0.7%NaCl 溶液中，健康人红细胞的形态将会

    A. 正常                          B. 膨大

    C. 缩小                          D. 破裂

    E. 不一定

17. 在实验条件下，将正常人红细胞置于 0.4%NaCl 溶液中将会出现

    A. 红细胞叠连现象               B. 红细胞皱缩

    C. 红细胞凝集                   D. 红细胞沉降速度加快

    E. 溶血现象

18. 血浆 pH 值主要取决于哪个缓冲对

    A. $KHCO_3$ ／ $H_2CO_3$           B. $NaHCO_3$ ／ $H_2CO_3$

    C. $K_2HPO_4$ ／ $KH_2PO_4$         D. $Na_2HPO_4$ ／ $NaH_2PO_4$

    E. 血浆蛋白钠盐／血浆蛋白

19. 组织液与细胞内液通常具有相同的

    A. 总渗透压                    B. 胶体渗透压

    C. $Na^+$ 浓度                   D. $K^+$ 浓度

    E. $Ca^{2+}$ 浓度

20. 各种血细胞均起源于骨髓的

    A. 髓系干细胞                 B. 淋巴系干细胞

    C. 基质细胞                   D. 定向祖细胞

    E. 多能造血干细胞

21. 自我复制能力最强的细胞是

    A. 造血干细胞                 B. 定向组细胞

    C. 前体细胞                   D. 网织红细胞

    E. 淋巴细胞

22. 具有吞噬及杀菌能力的细胞有

    A. 巨核细胞                   B. 嗜酸性粒细胞

    C. 嗜碱性粒细胞              D. 单核细胞

    E. 淋巴细胞

23. 血管外破坏红细胞的主要场所是
    A. 肾和肝
    B. 淋巴结
    C. 肺
    D. 脾和肝
    E. 胸腺和骨髓

24. 血沉加快主要是由于
    A. 血细胞比容增大
    B. 血小板数量增多
    C. 血浆白蛋白增多
    D. 血糖浓度增高
    E. 血浆球蛋白增多

25. 红细胞悬浮稳定性差容易发生
    A. 溶血
    B. 凝集
    C. 凝固
    D. 血沉加快
    E. 出血时间延长

26. 红细胞的平均寿命约为
    A. 120 天
    B. 一年
    C. 一天
    D. 一个小时
    E. 一分钟

27. 红细胞沉降率的大小取决于红细胞的
    A. 体积
    B. 表面积
    C. 数量
    D. 比重
    E. 叠连

28. 促红细胞生成素主要产生于
    A. 肝脏
    B. 肾脏
    C. 脾脏
    D. 骨髓
    E. 肺

29. 调节红细胞生成的主要体液因素是
    A. 雄激素
    B. 雌激素
    C. 甲状腺激素
    D. 促红细胞生成素
    E. 生长激素

30. 促红细胞生成素主要由人体的哪个器官产生
    A. 肝脏
    B. 肺脏
    C. 肾脏
    D. 心脏
    E. 肌肉

31. 生成红细胞的原料包括
    A. 铁和蛋白质　　　　　　　　　　　B. 促红细胞生成素
    C. 维生素 $B_{12}$　　　　　　　　　　D. 叶酸
    E. 内因子

32. 小细胞低色素性贫血的原因是
    A. 缺乏 $Fe^{2+}$　　　　　　　　　　B. 缺乏叶酸
    C. 内因子缺乏　　　　　　　　　　　D. 骨髓破坏
    E. 严重肾疾病

33. 巨幼红细胞性贫血是由于缺乏
    A. 维生素 $B_{12}$ 和叶酸　　　　　　B. $Fe^{2+}$
    C. $Ca^{2+}$　　　　　　　　　　　　D. 氨基酸
    E. 维生素 D

34. 某患者在胃大部分切除后出现巨幼红细胞性贫血的原因是对哪项物质吸收障碍
    A. 蛋白质　　　　　　　　　　　　　B. 叶酸
    C. 维生素 $B_{12}$　　　　　　　　　　D. 脂肪
    E. 铁

35. 再生障碍性贫血是由于
    A. 缺乏 $Fe^{2+}$　　　　　　　　　　B. 缺乏叶酸
    C. 内因子缺乏　　　　　　　　　　　D. 骨髓破坏
    E. 严重肾疾病

36. 急性化脓菌感染时,显著增多的是
    A. 红细胞　　　　　　　　　　　　　B. 血小板
    C. 嗜酸性粒细胞　　　　　　　　　　D. 单核细胞
    E. 中性粒细胞

37. 血小板减少时会出现
    A. 出血时间延长　　　　　　　　　　B. 出血时间缩短
    C. 出血时间正常,凝血时间延长　　　D. 出血时间延长,凝血时间缩短
    E. 出血时间延长,毛细血管通透性降低

38. 血块回缩是由于
    A. 血凝块中纤维蛋白收缩　　　　　　B. 血凝块中纤维蛋白降解
    C. 红细胞压缩叠连　　　　　　　　　D. 血小板收缩蛋白收缩
    E. 血小板黏附、聚集

39. 血凝块回缩不良，表示

    A. 凝血功能障碍　　　　　　　　　　B. 止血功能障碍

    C. 血小板数量不足或功能障碍　　　　D. 贫血

    E. 出血

40. 正常成人的白细胞为

    A.（4.0~10.0）×$10^9$/L　　　　　　B.（3.0~4.0）×$10^9$/L

    C.（2.0~3.0）×$10^9$/L　　　　　　D.（1.0~2.0）×$10^9$/L

    E.（10.0~20.0）×$10^9$/L

41. 血小板释放的物质中，不包括

    A. 儿茶酚胺　　　　　　　　　　　　B. ADP

    C. 5-羟色胺　　　　　　　　　　　　D. 氨基酸

    E. 血小板因子

42. 以下哪项不是血小板的生理功能

    A. 释放血管活性物质　　　　　　　　B. 维持血管内皮的完整性

    C. 参与止血　　　　　　　　　　　　D. 促进凝血

    E. 吞噬病原微生物，识别和杀伤肿瘤细胞

43. 血清是指

    A. 血液去掉纤维蛋白

    B. 血液加抗凝剂后离心沉淀后的上清物

    C. 血浆去掉纤维蛋白及其他某些凝血因子

    D. 全血去掉血细胞

    E. 血浆去掉蛋白质

44. 血清与血浆的主要区别是

    A. 血小板的有无　　　　　　　　　　B. 红细胞的有无

    C. 抗凝物质的有无　　　　　　　　　D. 纤维蛋白原的有无

    E. 激素的有无

45. 下列关于血浆的叙述正确的是

    A. 血浆中没有代谢产物

    B. 血浆本身没有凝固功能

    C. 血浆中加入柠檬酸钠，血浆不会再凝固

    D. 血浆是从凝固的血液中分离出来的液体

    E. 血浆中各种电解质的浓度与细胞内液相同

46. 血液凝固的发生是由于什么引起的

    A. 纤维蛋白溶解　　　　　　　　　B. 纤维蛋白的激活

    C. 纤维蛋白原变为纤维蛋白　　　　D. 血小板聚集与红细胞叠连

    E. 因子Ⅷ的激活

47. 血液凝固的内源性激活途径与外源性激活途径的主要差别在于

    A. 因子Ⅹ的激活过程　　　　　　　B. 凝血酶激活过程

    C. 纤维蛋白形成过程　　　　　　　D. 有无血小板参与

    E. 有无 $Ca^{2+}$ 参与

48. 肝素抗凝的主要机制是

    A. 抑制凝血酶原的激活　　　　　　B. 抑制因子Ⅹ的激活

    C. 促进纤维蛋白吸附凝血酶　　　　D. 增强抗凝血酶Ⅲ活性

    E. 抑制血小板聚集

49. 下列对交叉配血试验的叙述, 错误的是

    A. 主侧指供血者红细胞与受血者血清相混合, 次侧指供血者血清与受血者红细胞相
       混合

    B. 对已知的同型血液输血, 可不必做此试验

    C. 主侧和次侧无凝集反应, 可以输血

    D. 主侧有凝集反应, 不论次侧有何结果, 均不能输血

    E. 主侧无凝集反应, 次侧发生凝集, 在严密观察下, 可以少量、缓慢输血

50. 唯一不存在于血液中的凝血因子是

    A. 因子Ⅰ　　　　　　　　　　　　B. 因子Ⅲ

    C. 因子Ⅶ　　　　　　　　　　　　D. 因子Ⅻ

    E. 因子Ⅱ

51. 在凝血过程中将纤维蛋白原转变为纤维蛋白的凝血因子是

    A. 因子Ⅱa　　　　　　　　　　　　B. 因子Ⅲ

    C. 因子Ⅳ　　　　　　　　　　　　D. 因子Ⅻa

    E. 因子ⅩⅢa

52. 凝血酶的主要作用是

    A. 加速因子Ⅶ复合物的形成　　　　B. 加速凝血酶原酶复合物的形成

    C. 使纤维蛋白原转变为纤维蛋白　　D. 激活因子Ⅻ

    E. 促进血小板聚集

53. 血管损伤后止血栓能正确定位于损伤部位有赖于血小板的哪项特性

    A. 黏附　　　　　　　　　　　　　B. 聚集

C. 收缩                    D. 吸附

E. 释放

54. 内源性凝血的启动因子是

A. Ⅲ          B. Ⅳ          C. Ⅴ          D. Ⅹ          E. Ⅻ

55. 外源性凝血的启动因子是

A. Ⅱ          B. Ⅲ          C. Ⅶ          D. Ⅸ          E. Ⅻ

56. 血液中多种凝血因子合成均在

A. 肝脏                    B. 小肠

C. 血细胞                  D. 骨髓

E. 心肌

57. 缺乏维生素 K 不会造成哪种凝血因子缺乏

A. Ⅱ          B. Ⅴ          C. Ⅶ          D. Ⅸ          E. Ⅹ

58. 凝血过程中作为酶来起作用，但却不需被激活的因子是

A. Ⅲ          B. Ⅳ          C. Ⅴ          D. Ⅶ          E. Ⅷ

59. 在凝血过程中血小板提供的最重要的物质是

A. PF2        B. PF3        C. PF4        D. PF5        E. PF6

60. 肝素抗凝血的主要机制是

A. 抑制凝血酶原的激活              B. 增强抗凝血酶的作用

C. 抑制纤维蛋白原的激活            D. 促进纤维蛋白溶解

E. 去除血浆中的 $Ca^{2+}$

61. 内、外源性凝血的主要区别是

A. 前者发生在体内，后者在体外

B. 前者发生在血管内，后者在血管外

C. 前者只需血浆因子，后者还需组织因子

D. 前者只需体内因子，后者还需外加因子

E. 前者参与的因子少，后者参与的因子多

62. 血液凝固的内源性激活途径与外源性激活途径的主要差别在于

A. 因子 X 的激活过程              B. 凝血酶激活过程

C. 纤维蛋白形成过程              D. 有无血小板参与

E. 有无 $Ca^{2+}$ 参与

63. 血液凝固的主要步骤是

A. 凝血酶原形成→凝血酶形成→纤维蛋白形成

B. 凝血酶原形成→凝血酶形成→纤维蛋白原形成

C.凝血酶原激活物形成→凝血酶形成→纤维蛋白形成

D.凝血酶原激活物形成→凝血酶形成→纤维蛋白原形成

E.凝血酶原形成→纤维蛋白原形成→纤维蛋白形成

64.肝硬化患者容易发生凝血障碍，主要是由于

A.某些凝血因子缺乏　　　　　　　B.维生素 K 缺乏

C.凝血因子不能被激活　　　　　　D.血小板减少

E.凝血因子活性降低

65.下列哪些情况可延缓或防止血液凝固

A.血液中加入枸橼酸钠　　　　　　B.血液中加入 $Ca^{2+}$

C.增加血液的温度　　　　　　　　D.血小板数量增加

E.红细胞数量增加

66.人体血液中的生理性抗凝物质主要包括

A.肝素和抗凝血酶 Ⅲ　　　　　　　B.组织激活物

C.草酸钾　　　　　　　　　　　　D.枸橼酸钠

E.纤溶酶原

67.参与生理性止血的血细胞是

A.红细胞　　　　　　　　　　　　B.单核细胞

C.淋巴细胞　　　　　　　　　　　D.嗜碱性粒细胞

E.血小板

68.不属于生理性止血过程的是

A.血小板黏附于受损伤的血管内壁　B.血小板聚集形成血小板血栓

C.血小板释放 5-HT 使小血管收缩　D.参与血液凝固过程

E.使凝血块液化脱落,恢复正常

69.甲状腺手术容易出血的原因是甲状腺含有较多的

A.血浆激活物　　　　　　　　　　B.组织激活物

C.纤溶酶　　　　　　　　　　　　D.抗凝血酶

E.肝素

70.通常所说的血型是指

A.红细胞膜上受体的类型　　　　　B.红细胞膜上抗原的类型

C.红细胞膜上抗体的类型　　　　　D.血浆中抗体的类型

E.血浆中抗原的类型

71.A 型血红细胞膜上含有的凝集原是

A.A 凝集原　　　　　　　　　　　B.B 凝集原

C. D 抗原                                  D. A 凝集原和 B 凝集原

E. 无 A 凝集原和 B 凝集原

72. AB 型血红细胞膜上含有的凝集原是

A. A 凝集原                                B. B 凝集原

C. D 抗原                                  D. A 凝集原和 B 凝集原

E. 无 A 凝集原和 B 凝集原

73. A 型血的红细胞与下列哪一型血不发生凝集反应

A. AB 型                                   B. O 型

C. B 型                                    D. Rh$^+$ 型

E. Rh$^-$ 型

74. 某人的红细胞与 B 型血的血清发生凝集，其血清与 B 型血的红细胞也发生凝集，
此人的血型是

A. A 型                                    B. B 型

C. AB 型                                   D. O 型

E. RH 型

75. 某人的红细胞与 B 型血的血清发生凝集，而其血清与 B 型血的红细胞不发生凝集，
分析此人的血型为

A. A 型                                    B. B 型

C. O 型                                    D. AB 型

E. Rh 阳性

76. 关于 ABO 血型系统，下列说法错误的是

A. AB 型人的血浆中无抗 A 抗体和抗 B 抗体

B. 有哪种抗原则无该种抗体

C. 无哪种抗原则必有该种抗体

D. 同血型人之间抗原类型一般不同

E. O 型人的血浆中有抗 A、抗 B 两种抗体

77. 关于 ABO 血型的描述，下列哪项不正确

A. O 型血红细胞不含血型抗原          B. A 型血的血清中含有 A 凝集素

C. B 型血红细胞有 B 凝集原            D. 血型抗原由遗传因素决定

E. AB 型血的血清不含凝集素

78. 已知供血者血型为 A，交叉配血实验中主侧凝集，次侧不凝集，受血者血型为

A. A 型                                    B. B 型

C. AB 型                                   D. O 型

E. 以上都不是

79. 输血时主要考虑供血者的

A. 红细胞不发生叠连
B. 红细胞不被受血者血浆所凝集
C. 红细胞不被受血者红细胞所凝集
D. 血浆不使受血者血浆发生凝固
E. 血浆不使受血者红细胞凝集

80. 在异型输血中，严禁

A. O 型血输给 B 型血的人
B. O 型血输给 A 型血的人
C. A 型血输给 B 型血的人
D. B 型血输给 AB 型血的人
E. A 型血输给 AB 型血的人

81. O 型血血清与其他型红细胞相混时

A. 无任何反应
B. 将会发生凝集反应
C. 将会出现凝固
D. 将会发生红细胞叠连
E. 将会发生出血现象

82. 血量是人体内血液的总量，相当于每千克体重

A. 70~80ml
B. 80~90ml
C. 50~60ml
D. 40~50ml
E. 60~70ml

83. 50kg 体重的健康人，其血量约为

A. 3.5~4.0L
B. 4.0~5.5L
C. 5.5~6.0L
D. 6.0~6.5L
E. 6.5~7.0L

84. 一次失血量不超过总血量的 10% 时，下述叙述错误的是

A. 贮血释放
B. 血浆量可以迅速恢复
C. 红细胞在一个月内恢复
D. 出现明显临床症状
E. 不表现代偿性循环功能加强

85. Rh 阳性是指红细胞膜上含有

A. C 抗原
B. A 抗原
C. D 抗原
D. E 抗原
E. B 抗原

86. Rh 血型不合见于

A. Rh 阳性者第二次接受 Rh 阴性者的血液
B. Rh 阴性者第二次接受 Rh 阳性者的血液
C. Rh 阴性者第二次接受 Rh 阴性者的血液

D. Rh 阳性的母亲第二次孕育 Rh 阴性的胎儿

E. Rh 阳性的母亲第二次孕育 Rh 阳性的胎儿

87. Rh 阴性母亲，其胎儿若为 Rh 阳性，胎儿出生后易患

    A. 血友病　　　　　　　　　　　　　　B. 白血病

    C. 红细胞增多症　　　　　　　　　　　D. 新生儿溶血病

    E. 巨幼红细胞性贫血

88. Rh 血型的临床意义在于

    A. Rh 阳性受血者第 2 次接受 Rh 阴性的血液

    B. Rh 阳性女子再孕育 Rh 阳性的胎儿

    C. Rh 阴性受血者第 2 次接受 Rh 阳性的血液

    D. Rh 阴性女子再次孕育 Rh 阳性的胎儿

    E. Rh 阴性女子首次孕育 Rh 阳性的胎儿

89. 输血时，哪一种血型不容易找到献血者

    A. O 型血和 Rh 阴性　　　　　　　　　B. B 型血和 Rh 阴性

    C. A 型血和 Rh 阴性　　　　　　　　　D. AB 型血和 Rh 阴性

    E. B 型血和 Rh 阳性

## 二、多项选择题

1. 下列哪些情况使血沉加快

    A. 血沉加快的红细胞置入正常血浆　　　B. 正常红细胞加入血沉加快的血浆

    C. 血液中的白蛋白增加　　　　　　　　D. 血液中的球蛋白增加

    E. 血浆中的球蛋白减少

2. 血清与血浆的区别在于前者

    A. 缺乏纤维蛋白原　　　　　　　　　　B. 增加了血小板释放的物质

    C. 缺乏某些凝血因子　　　　　　　　　D. 含有大量的清蛋白

    E. 以上都不是

3. 维持体液 pH 恒定，必须依靠哪些调节

    A. 血液缓冲系统　　　　　　　　　　　B. 肺脏呼吸功能

    C. 肾脏的排泄和重吸收功能　　　　　　D. 每日饮水量的调节

    E. 以上都对

4. 如果某男是 B 型血

    A. 他的基因型可以是 AB 型

    B. 他的父亲可以是 O 型血

    C. 他的孩子不是 B 型血就是 O 型血

D. 如果他的妻子是 B 型血，孩子的血型只能是 B 型或 O 型

E. 如果他的妻子是 O 型血，孩子的血型只能是 B 型或 O 型

5. 小血管损伤后，生理止血过程包括

　　A. 受损小血管收缩　　　　　　　　B. 血小板聚集形成止血栓

　　C. 受损局部血液凝固形成血凝块　　D. 血管壁修复伤口愈合

　　E. 以上都对

6. 正常人的血液在血管内不发生凝固的原因有

　　A. 血液流动快　　　　　　　　　　B. 血管内膜光滑完整

　　C. 纤维蛋白溶解系统的作用　　　　D. 有抗凝血物质存在

　　E. 以上都不对

7. 血浆蛋白的主要生理功能有

　　A. 多种代谢物的运输载体　　　　　B. 缓冲血浆 pH 变化

　　C. 参与机体的免疫功能　　　　　　D. 参与生理性止血

　　E. 维持血浆胶体渗透压

8. 血小板在生理性止血中的作用是

　　A. 黏附于内皮下成分

　　B. 释放 ADP 与 TXA2，促使更多的血小板聚集

　　C. 释放 PGI2 促进聚集

　　D. 释放 PF3 促进血凝

　　E. 释放纤溶酶原激活物抑制剂抑制纤溶

9. 引起血沉加快的因素有

　　A. 白细胞增多　　　　　　　　　　B. 血浆球蛋白增多

　　C. 血浆白蛋白减少　　　　　　　　D. 血浆纤维蛋白原增多

　　E. 血浆磷脂增多

10. 凝血酶的直接作用是

　　A. 激活因子 XIII

　　B. 使纤维蛋白原水解成纤维蛋白单体

　　C. 使纤维蛋白单体形成不溶性的纤维蛋白多聚体

　　D. 使可溶性的纤维蛋白多聚体形成稳固的纤维蛋白多聚体

　　E. 抑制纤溶酶活性

11. 下列哪种情况能使试管中的血液延缓凝血

　　A. 血液中加入草酸钾　　　　　　　B. 将血液置于有棉花的试管中

　　C. 加入肝素　　　　　　　　　　　D. 将试管置于冰水中

E. 将试管壁涂上液状石蜡，再放入新鲜血液

12. 血浆与血清的区别是

　　A. 血清中缺乏某些凝血因子　　　　　B. 血清中含有血小板释放物

　　C. 血清中缺乏白蛋白　　　　　　　　D. 血清中缺乏纤维蛋白原

　　E. 血清中缺乏球蛋白

13. 生理性止血过程包括

　　A. 血小板黏附于受损伤的血管内壁

　　B. 血液凝固，血块回缩

　　C. 血小板释放 5 – 羟色胺使小血管收缩

　　D. 血小板聚集形成血小板止血栓

　　E. 纤溶系统激活

一、单项选择题

1. 血液循环的主要生理功能是

  A. 完成物质运输，实现体液调节和防御功能，维持内环境稳定

  B. 将机体的代谢终产物、异物、过剩的物质排出体外

  C. 将糖、蛋白质、脂肪分解成小分子物质被机体利用

  D. 产生感觉和调节运动

  E. 感受机体内外环境的变化

2. 心动周期是指

  A. 一次心动周期一侧心室射出的血量

  B. 心脏一次收缩或舒张构成的一个机械性活动周期

  C. 每分钟由一侧心房流入心室的血量

  D. 每分钟由一侧心室射出的血量

  E. 每分钟由左、右心室射出血量之和

3. 在一次心动周期中，室内压最高的时期发生在

  A. 等容收缩期　　　　　　　　　　B. 快速射血期

  C. 减慢射血期　　　　　　　　　　D. 等容舒张期

  E. 快速充盈期

4. 在心动周期中，心室血液的充盈主要取决于

  A. 心房收缩的挤压作用　　　　　　B. 胸内负压促进静脉血回流

  C. 心室舒张时的"抽吸"作用　　　　D. 骨骼肌活动的挤压作用

  E. 血液的重力作用

5. 心输出量是指

  A. 一次心动周期一侧心室射出的血量

  B. 一次心动周期两侧心室射出的血量

  C. 每分钟由一侧心房流入心室的血量

  D. 每分钟由一侧心室射出的血量

E. 每分钟由左、右心室射出血量之和

6. 每搏输出量是指

　　A. 一次心搏一侧心室射出的血量

　　B. 一次心动周期两侧心室射出的血量

　　C. 每分钟由一侧心房流入心室的血量

　　D. 每分钟由一侧心室射出的血量

　　E. 每分钟由左、右心室射出血量之和

7. 心指数是指

　　A. 一次心搏一侧心室射出的血量

　　B. 一次心动周期两侧心室射出的血量

　　C. 每分钟由一侧心房流入心室的血量

　　D. 每分钟由一侧心室射出的血量

　　E. 空腹和安静状态下每平方米体表面积的心输出量

8. 心指数等于

　　A. 每搏输出量／体表面积　　　　　　B. 每搏输出量／心室舒张末期容积

　　C. 每搏输出量 × 心率　　　　　　　D. 心输出量／体表面积

　　E. 心输出量 × 体表面积

9. 心输出量等于

　　A. 每搏输出量／体表面积　　　　　　B. 每搏输出量／心室舒张末期容积

　　C. 每搏输出量 × 心率　　　　　　　D. 心输出量／体表面积

　　E. 心输出量 × 体表面积

10. 心率是指

　　A. 一次心搏一侧心室射出的血量　　　B. 一次心动周期两侧心室射出的血量

　　C. 安静状态时，每分钟心跳的次数　　D. 每天由一侧心室射出的血量

　　E. 空腹和安静状态下每平方米体表面积的心输出量

11. 健康成年人安静状态时，心率为每分钟

　　A. 40~70 次　　　　　　　　　B. 50~80 次

　　C. 60~100 次　　　　　　　　 D. 70~100 次

　　E. 80~120 次

12. 关于心率的描述，错误的是

　　A. 心率加快，心动周期缩短　　　　　B. 检测人体功能状态的主要指标之一

　　C. 安静状态时，每分钟心跳的次数　　D. 指心跳的节律

　　E. 在一定范围内，心率加快，心泵血功能加强

13. 关于心动周期的描述，错误的是

　　A. 心率加快，心动周期缩短

　　B. 心房和心室均有各自的心动周期

　　C. 正常一个心动周期中心房和心室可以同时舒张

　　D. 指心跳的节律

　　E. 正常一个心动周期中心房和心室不可能同时收缩

14. 心室肌细胞不具有下列哪一生理特性

　　A. 兴奋性　　　　　　　　　　　　B. 自律性

　　C. 传导性　　　　　　　　　　　　D. 收缩性

　　E. 有效不应期长

15. 浦肯野细胞不具有下列哪一生理特性

　　A. 兴奋性　　　　　　　　　　　　B. 自律性

　　C. 传导性　　　　　　　　　　　　D. 收缩性

　　E. 有效不应期长

16. 心率为 75/min 时的心动周期持续时间为

　　A. 0.5s　　　　　B. 0.6s　　　　　C. 0.7s　　　　　D. 0.8s　　　　　E. 0.9s

17. 正常成年人在安静状态下，每搏输出量为

　　A. 30~50ml　　　　　　　　　　　B. 60~80ml

　　C. 90~110ml　　　　　　　　　　 D. 120~140ml

　　E. 140~160ml

18. 一般情况下，健康成年男性的心输出量为

　　A. 1~2L　　　　　B. 3~4L　　　　　C. 4.5~6L　　　　D. 7~8.5L　　　　E. 1.5~3L

19. 成年人心率超过 180/min 时，心输出量减少的主要原因是

　　A. 快速射血期缩短　　　　　　　　B. 减慢射血期缩短

　　C. 心充盈期缩短　　　　　　　　　D. 等容舒张期缩短

　　E. 等容收缩期缩短

20. 等容收缩期时

　　A. 房内压 > 室内压 > 主动脉压　　B. 房内压 > 室内压 > 主动脉压

　　C. 房内压 > 室内压 < 主动脉压　　D. 房内压 < 室内压 < 主动脉压

　　E. 房内压 = 室内压 > 主动脉压

21. 心室肌的前负荷可以用下列哪项来间接表示

　　A. 收缩末期容积　　　　　　　　　B. 舒张末期容积

　　C. 射血中期容积　　　　　　　　　D. 等容舒张期容积

E. 舒张中期动脉压

22. 房室瓣、动脉瓣均关闭见于

    A. 等容收缩期　　　　　　　　　　B. 等容舒张期

    C. 心室射血期　　　　　　　　　　D. 心室充盈期

    E. 选项 A+ 选项 B

23. 心室肌的后负荷可以用下列哪项来间接表示

    A. 收缩末期容积　　　　　　　　　B. 舒张末期容积

    C. 射血中期容积　　　　　　　　　D. 等容舒张期容积

    E. 动脉血压

24. 每搏输出量占下列哪项的百分数，称为射血分数

    A. 回心血量　　　　　　　　　　　B. 每分输出量

    C. 等容舒张期　　　　　　　　　　D. 心室舒张末期容积

    E. 心室收缩末期容积

25. 在心动周期中，心室内压发生最大幅度的快速变化是在

    A. 等容收缩期　　　　　　　　　　B. 等容舒张期

    C. 快速射血期　　　　　　　　　　D. 减慢射血期

    E. 选项 A+ 选项 B

26. 在心动周期中，左心室内压力最高时是在

    A. 心房收缩期末　　　　　　　　　B. 等容收缩期末

    C. 心室收缩期末　　　　　　　　　D. 快速充盈期末

    E. 快速射血期末

27. 下列叙述中正确的是

    A. 心率加快，心动周期缩短　　　　B. 心率越快，心泵血功能越强

    C. 动脉血压越高，心泵血功能越强　D. 回心血量与心泵血功能成反比

    E. 心率与心泵血功能成反比

28. 李小姐安静状态时的心率是 80/min，请问李小姐的心率为

    A. 心动过速　　　　　　　　　　　B. 心动过缓

    C. 正常　　　　　　　　　　　　　D. 以上都不对

    E. 选项 A+ 选项 B

29. 心脏收缩力增强时，静脉回心血量增加，这是由于什么造成的

    A. 舒张期室内压低　　　　　　　　B. 动脉血压升高

    C. 静脉压增高　　　　　　　　　　D. 血流速度加快

    E. 心输出量增加

30. 王先生安静状态时心率是 70/min，每搏输出量为 70ml，王先生的心输出量是

    A. 3L          B. 4L          C. 4.9 L          D. 5L          E. 5.9L

31. 射血分数是指

    A. 一次心动周期一侧心室射出的血量

    B. 一次心动周期两侧心室射出的血量

    C. 每分钟由一侧心房流入心室的血量

    D. 每搏输出量占心室舒张末期容积的百分比

    E. 每分钟由左、右心室射出血量之和

32. 可引起射血分数增大的因素是

    A. 心室舒张末期容积增大          B. 动脉血压升高

    C. 心率减慢          D. 心肌收缩能力增强

    E. 快速射血相缩短

33. 反映心脏健康程度的指标是

    A. 每分输出量          B. 心指数

    C. 射血分数          D. 心脏做功量

    E. 心力储备

34. 用于分析比较不同身材个体心功能的常用指标是

    A. 每分输出量          B. 心指数

    C. 射血分数          D. 心脏做功量

    E. 心力储备

35. 下列哪一心音可作为心室舒张期开始的标志

    A. 第一心音          B. 第二心音

    C. 第三心音          D. 第四心音

    E. 二尖瓣关闭音

36. 下列哪一心音可作为心室收缩期开始的标志

    A. 第一心音          B. 第二心音

    C. 第三心音          D. 第四心音

    E. 主动脉瓣关闭音

37. 普通的心肌细胞又称工作细胞，包括

    A. 心房肌细胞          B. 心室肌细胞

    C. 窦房结          D. 房室结

    E. 选项 A+ 选项 B

38. 特殊分化的心肌细胞组成心脏的特殊传导系统，包括
    A. 心房肌细胞　　　　　　　　　　　B. 心室肌细胞
    C. 窦房结　　　　　　　　　　　　　D. 房室交界区、房室束及其分支
    E. 选项 C+ 选项 D

39. 血液循环的动力泵是
    A. 红细胞　　　　　　　　　　　　　B. 心脏
    C. 窦房结　　　　　　　　　　　　　D. 肾
    E. 神经系统

40. 心肌细胞分为快反应细胞和慢反应细胞的主要根据是
    A. 4 期自动除极的速度　　　　　　　B. 动作电位复极化的速度
    C. 静息电位的高低　　　　　　　　　D. 动作电位时程的长短
    E. 0 期去极化速度

41. 关于心室肌细胞动作电位平台期离子跨膜流动的叙述，正确的是
    A. $Na^+$ 内流、$Ca^{2+}$ 内流　　　　　　B. $K^+$ 外流、$Ca^{2+}$ 内流
    C. $Ca^{2+}$ 内流、$Na^+$ 内流、$K^+$ 外流　　D. $Na^+$ 内流、$K^+$ 外流
    E. $Ca^{2+}$ 外流、$Na^+$ 外流、$K^+$ 内流

42. 关于心房肌细胞动作电位平台期离子跨膜流动的叙述，正确的是
    A. $Na^+$ 内流、$Ca^{2+}$ 内流　　　　　　B. $Ca^{2+}$ 外流、$Na^+$ 外流、$K^+$ 内流
    C. $Ca^{2+}$ 内流、$Na^+$ 内流、$K^+$ 外流　　D. $Na^+$ 内流、$K^+$ 外流
    E. $K^+$ 外流、$Ca^{2+}$ 内流

43. 心肌自律性高低主要取决于
    A. 0 期除极的速度　　　　　　　　　B. 阈电位水平
    C. 单位时间内能够发生兴奋的次数　　D. 动作电位的幅度
    E. 最大复极电位水平

44. 自律细胞与非自律细胞生物电活动的主要区别是
    A. 0 期除极化速度　　　　　　　　　B. 0 期除极化幅度
    C. 3 期复极的离子转运　　　　　　　D. 复极化时程的长短
    E. 4 期自动去极化

45. 影响自律性的因素有
    A. 阈电位水平　　　　　　　　　　　B. 4 期自动去极化速度
    C. 最大复极电位水平　　　　　　　　D. 选项 B+ 选项 C
    E. 选项 A+ 选项 B+ 选项 C

46. 心房肌细胞与窦房结生物电活动的主要区别是
    A. 0 期除极化速度　　　　　　　　　　B. 0 期除极化幅度
    C. 3 期复极的离子转运　　　　　　　　D. 复极化时程的长短
    E. 4 期自动去极化

47. 心室肌细胞动作电位的去极化过程相当于
    A. 0 期　　　　B. 1 期　　　　C. 2 期　　　　D. 3 期　　　　E. 4 期

48. 心脏自律细胞产生自律性的基础是
    A. 0 期快速去极化　　　　　　　　　　B. 0 期慢速去极化
    C. 复极缓慢　　　　　　　　　　　　　D. 无 2 期
    E. 4 期自动去极化

49. 心室肌细胞动作电位持续时间长的主要原因是
    A. 0 期　　　　B. 1 期　　　　C. 2 期　　　　D. 3 期　　　　E.4 期

50. 心室肌细胞动作电位与骨骼肌细胞动作电位的主要区别是
    A. 去极化速度快　　　　　　　　　　　B. 振幅较大
    C. 有平台期　　　　　　　　　　　　　D. 复极时程较短
    E. 依赖 $Ca^{2+}$

51. 心脏工作细胞的生物电特点是
    A. 0 期去极化　　　　　　　　　　　　B. 1 期复极化
    C. 2 期平台期　　　　　　　　　　　　D. 3 期复极化
    E. 4 期自动去极化

52. 心脏自律性细胞的生物电特点是
    A. 0 期去极化　　　　　　　　　　　　B. 1 期复极化
    C. 2 期平台期　　　　　　　　　　　　D. 3 期复极化
    E. 4 期自动去极化

53. 自律性是指
    A. 一次心动周期一侧心室射出的血量
    B. 心脏一次收缩或舒张构成的一个机械性活动周期
    C. 每分钟由一侧心房流入心室的血量
    D. 心肌细胞在没有外来因素的作用下能够自动发生节律性兴奋的特性
    E. 每分钟由左、右心室射出血量之和

54. 窦房结细胞作为正常起搏点是因为
    A. 复极 4 期不稳定　　　　　　　　　　B. 能自动除极
    C. 0 期除极速度快　　　　　　　　　　D. 自律性最高
    E. 兴奋性最高

55. 心脏正常的起搏点是

　　A. 心房肌细胞 　　　　　　　　　　B. 心室肌细胞

　　C. 窦房结 　　　　　　　　　　　　D. 房室交界区、房室束及其分支

　　E. 选项 C+ 选项 D

56. 心脏中自律性最高的组织是

　　A. 窦房结 　　　　　　　　　　　　B. 房室束

　　C. 房室交界 　　　　　　　　　　　D. 末梢浦肯野纤维

　　E. 心室肌

57. 心室肌细胞 $Ca^{2+}$ 通道的特点是

　　A. 激活慢 　　　　　　　　　　　　B. 失活慢

　　C. 可被 $Mn^{2+}$ 阻断 　　　　　　　D. 选项 A+ 选项 B

　　E. 选项 A+ 选项 B+ 选项 C

58. 心肌细胞的有效不应期相当于

　　A. 收缩期 + 舒张期 　　　　　　　　B. 收缩期 + 舒张早期

　　C. 收缩期 + 舒张中期 　　　　　　　D. 收缩期 + 舒张晚期

　　E. 收缩期

59. 心肌不会产生强直收缩，原因是

　　A. 心肌是功能上的合胞体 　　　　　B. 心肌有自动节律性

　　C. 心肌收缩时 $Ca^{2+}$ 来自细胞外 　　D. 心肌有效不应期特别长

　　E. 心肌呈 "全或无" 收缩

60. 心脏期前收缩之后出现代偿间歇的原因是

　　A. 窦房结的节律性兴奋延迟发放

　　B. 窦房结的节律性兴奋少发放一次

　　C. 窦房结的节律性兴奋传出速度减慢

　　D. 期前兴奋的有效不应期特别长

　　E. 窦房结的一次节律性兴奋落在期前兴奋的有效不应期中

61. 在心内兴奋传导途径中，传导速度最慢的是

　　A. 窦房结 　　　　　　　　　　　　B. 房室交界

　　C. 房室束 　　　　　　　　　　　　D. 左右束支

　　E. 浦肯野纤维

62. 房室延搁的生理意义是

　　A. 使心房、心室不会同步收缩 　　　B. 使心室肌不产生强直收缩

　　C. 增强心肌收缩力 　　　　　　　　D. 使心室肌有效不应期延长

E. 使心室肌动作电位幅度增加

63. 在心室肌细胞的相对不应期中

    A. 兴奋性等于零　　　　　　　　　B. 兴奋性非常低

    C. 兴奋性有所恢复，但小于正常　　D. 兴奋性大于正常

    E. 兴奋性和传导性都大于正常

64. 在心室肌细胞的绝对不应期中

    A. 兴奋性等于零　　　　　　　　　B. 兴奋性非常低

    C. 兴奋性有所恢复，但小于正常　　D. 兴奋性大于正常

    E. 兴奋性和传导性都大于正常

65. 在心肌细胞中，传导速度最快的是

    A. 心房肌　　　　　　　　　　　　B. 房室交界

    C. 左右束支　　　　　　　　　　　D. 末梢浦肯野纤维

    E. 心室肌

66. 心脏复苏术的原理是

    A. 维持肺内压与大气压之间的压力差

    B. 窦房结的节律性兴奋少发放一次

    C. 恢复窦房结的自律性

    D. 期前兴奋的有效不应期特别长

    E. 以上都不对

67. 心肌收缩呈"全或无"的特点是因为心肌细胞

    A. 动作电位时程长　　　　　　　　B. 动作电位有平台

    C. 细胞间有闰盘　　　　　　　　　D. 有自律性

    E. 兴奋传导快

68. 血压是指

    A. 一次心动周期一侧心室射出的血量

    B. 一次心动周期两侧心室射出的血量

    C. 每分钟由一侧心房流入心室的血量

    D. 每搏输出量占心室舒张末期容积的百分比

    E. 血流对单位面积血管壁的侧压力

69. 在一个心动周期中，动脉血压上升达到的最高值称为

    A. 每搏输出量　　　　　　　　　　B. 收缩压

    C. 舒张压　　　　　　　　　　　　D. 平均动脉压

    E. 脉搏压

70. 在一个心动周期中，动脉血压下降达到的最低值称为

　　A. 每搏输出量　　　　　　　　　　B. 收缩压

　　C. 舒张压　　　　　　　　　　　　D. 平均动脉压

　　E. 脉搏压

71. 在一个心动周期中，每一瞬间动脉血压的平均值称为

　　A. 每搏输出量　　　　　　　　　　B. 收缩压

　　C. 舒张压　　　　　　　　　　　　D. 平均动脉压

　　E. 脉搏压

72. 中心静脉压指

　　A. 一次心动周期一侧心室射出的血量

　　B. 右心房和胸腔大静脉内的血压

　　C. 每分钟由一侧心房流入心室的血量

　　D. 每搏输出量占心室舒张末期容积的百分比

　　E. 血流对单位面积血管壁的侧压力

73. 微循环指

　　A. 微动脉与微静脉之间的血液循环

　　B. 右心房和胸腔大静脉内的血压

　　C. 每分钟由一侧心房流入心室的血量

　　D. 每搏输出量占心室舒张末期容积的百分比

　　E. 血流对单位面积血管壁的侧压力

74. 平均动脉压等于

　　A. 收缩压 +1/3 脉压　　　　　　　B. 舒张压 +1/3 脉压

　　C. 收缩压 –1/3 脉压　　　　　　　D. 舒张压 +2/3 脉压

　　E.（收缩压 + 舒张压）/ 2

75. 脉压等于

　　A. 收缩压 +1/3 脉压　　　　　　　B. 舒张压 +1/3 脉压

　　C. 收缩压 –1/3 脉压　　　　　　　D. 舒张压 +2/3 脉压

　　E. 收缩压 – 舒张压

76. 关于动脉血压的叙述，正确的是

　　A. 心室收缩时，血液对动脉管壁的侧压称为收缩压

　　B. 心室舒张时，血液对动脉管壁的侧压称为舒张压

　　C. 收缩压与舒张压之差，称为脉压

　　D. 平均动脉压是收缩压和舒张压的平均值

E.其他因素不变，心率加快，脉压加大

77. 影响动脉血压的因素有

 A.每搏输出量       B.心率

 C.外周阻力和大动脉管壁弹性   D.循环血量和血管容积

 E.以上都对

78. 影响心泵血功能的因素有

 A.每搏输出量       B.心率

 C.外周阻力和大动脉管壁弹性   D.选项 A+ 选项 B

 E.以上都对

79. 一般情况下影响舒张压最主要的因素是

 A.每搏输出量       B.心率

 C.大动脉管壁弹性      D.外周阻力

 E.循环血量

80. 中心静脉压的高低取决于

 A.心泵血功能       B.静脉回流速度

 C.选项 A+ 选项 B      D.外周静脉压

 E.以上都不是

81. 微循环通路包括

 A.迂回通路        B.直捷通路

 C.动静脉短路       D.以上都是

 E.以上都不是

82. 微循环中动静脉短路的作用是

 A.血液与组织进行物质交换

 B.使得一部分血液通过微循环快速返回心脏

 C.有利于散发热量，维持体温

 D.以上都是

 E.以上都不是

83. 微循环中迂回通路的作用是

 A.血液与组织进行物质交换

 B.使得一部分血液通过微循环快速返回心脏

 C.有利于散发热量，维持体温

 D.以上都是

 E.以上都不是

84. 微循环中直捷通路的作用是

    A. 血液与组织进行物质交换

    B. 使得一部分血液通过微循环快速返回心脏

    C. 有利于散发热量，维持体温

    D. 以上都是

    E. 以上都不是

85. 在微循环中，进行物质交换的主要部位是

    A. 微动脉　　　　　　　　　　B. 真毛细血管

    C. 通血毛细血管　　　　　　　D. 动静脉短路

    E. 微静脉

86. 微循环中参与体温调节的是

    A. 迂回通路　　　　　　　　　B. 毛细血管前括约肌

    C. 动 – 静脉短路　　　　　　　D. 直捷通路

    E. 微动脉

87. 组织液生成与回流取决于

    A. 迂回通路　　　　　　　　　B. 直捷通路

    C. 每搏输出量　　　　　　　　D. 心率

    E. 有效滤过压

88. 最基本的心血管中枢位于

    A. 脊髓　　　　　　　　　　　B. 延髓

    C. 脑桥　　　　　　　　　　　D. 中脑

    E. 大脑

89. 测量中心静脉压的意义在于

    A. 判断心功能　　　　　　　　B. 指导输液

    C. 指导用药　　　　　　　　　D. 选项 A+ 选项 B

    E. 选项 B+ 选项 C

90. 平时维持心交感紧张、心迷走紧张、交感缩血管紧张的基本中枢位于

    A. 大脑　　　　　　　　　　　B. 下丘脑

    C. 中脑和脑桥　　　　　　　　D. 延髓

    E. 脊髓中间外侧柱

91. 在体循环和肺循环中，基本相同的是

    A. 收缩压　　　　　　　　　　B. 舒张压

    C. 平均动脉压　　　　　　　　D. 外周阻力

E. 心输出量

92. 老年人动脉管壁组织硬变可引起

    A. 大动脉弹性贮器作用加大
    B. 收缩压和舒张压变化都不大

    C. 收缩压降低，舒张压升高
    D. 收缩压升高，舒张压升高

    E. 收缩压升高，舒张压降低，脉压增大

93. 心血管反射的压力感受器是

    A. 大脑
    B. 颈动脉窦和主动脉弓

    C. 中脑和脑桥
    D. 延髓

    E. 脊髓中间外侧柱

94. 心血管反射的化学感受器是

    A. 大脑
    B. 颈动脉窦和主动脉弓

    C. 中脑和脑桥
    D. 延髓

    E. 颈动脉体和主动脉体

95. 人体内大部分血管的神经支配属于下列哪种描述

    A. 只接受交感舒血管神经纤维的支配

    B. 只接受交感缩血管神经纤维的支配

    C. 既接受交感神经支配，也接受副交感神经支配

    D. 只接受副交感神经纤维的支配

    E. 接受多肽能神经元的支配

96. 心交感神经节后纤维释放的递质是

    A. 去甲肾上腺素
    B. 肾上腺素

    C. 乙酰胆碱
    D. 升压素

    E. 血管紧张素

97. 心迷走神经节后纤维释放的递质是

    A. 去甲肾上腺素
    B. 肾上腺素

    C. 乙酰胆碱
    D. 升压素

    E. 血管紧张素

98. 静脉注射去甲肾上腺素时

    A. 心率加快，血压升高
    B. 心率加快，血压降低

    C. 心率减慢，血压降低
    D. 心率减慢，血压升高

    E. 心率和血压不变

99. 下列哪项可引起心率减少

    A. 交感活动增强
    B. 迷走活动增强

C. 肾上腺素      D. 甲状腺激素

E. 发热

100. 交感缩血管神经节后纤维释放的递质是

A. 去甲肾上腺素      B. 肾上腺素

C. 乙酰胆碱      D. 升压素

E. 血管紧张素

101. 交感舒血管神经节后纤维释放的递质是

A. 去甲肾上腺素      B. 肾上腺素

C. 乙酰胆碱      D. 升压素

E. 血管紧张素

102. 降压反射的生理意义是

A. 降低动脉血压      B. 升高动脉血压

C. 减弱心血管活动      D. 加强心血管活动

E. 维持动脉血压相对恒定

103. 在下列器官组织中，其血管上交感缩血管纤维分布最密的是

A. 骨骼肌      B. 皮肤

C. 心脏      D. 脑

E. 肾脏

104. 对动脉血压变化较敏感的感受器位于

A. 颈动脉窦      B. 主动脉弓

C. 颈动脉体      D. 主动脉体

E. 延髓

105. 对于维持人体动脉血压的稳定意义重大的反射是

A. 降压反射      B. 拥抱反射

C. 排尿反射      D. 吸吮反射

E. 以上都不是

106. 主动脉在维持舒张压中起重要作用，主要是由于主动脉

A. 口径大      B. 管壁厚

C. 管壁的可扩张性和弹性      D. 血流速度快

E. 对血流的摩擦阻力小

107. 安静状态下，由于耗氧量大，以致其动脉血和静脉血的含氧量差值最大的器官是

A. 心脏    B. 脑    C. 肝脏    D. 肾脏    E. 脾脏

108. 静脉注射去甲肾上腺素后出现血压升高，心率减慢，后者出现的主要原因是

    A. 去甲肾上腺素对心脏的抑制作用

    B. 去甲肾上腺素对血管的抑制作用

    C. 降压反射活动加强

    D. 降压反射活动减弱

    E. 大脑皮质心血管中枢活动减弱

109. 实验中，夹闭兔双侧颈总动脉后全身动脉血压升高，心率加快，其主要原因是

    A. 颈动脉窦受到牵张刺激　　　　　B. 颈动脉窦受到缺氧刺激

    C. 主动脉弓受到牵张刺激　　　　　D. 颈动脉神经传入冲动减少

    E. 主动脉神经传入冲动减少

110. 有甲、乙两个患者，甲患者左心室舒张末期容积为140ml，收缩末期容积为56ml；乙患者左室舒张末期容积为160ml，收缩末期容积为64ml，两患者的射血分数

    A. 相等　　　　　　　　　　　　　B. 甲患者高于乙患者

    C. 乙患者高于甲患者　　　　　　　D. 无法判断

    E. 均低于正常

111. 两患者均为青年男性，其中甲患者身高1.5m、体重50kg，体表面积1.4m$^2$、安静时每分输出量4.2L；乙患者身高1.6m，体重68kg、体表面积1.7m$^2$、安静时每分输出量5.1L，两患者的心指数

    A. 甲患者优于乙患者　　　　　　　B. 乙患者优于甲患者

    C. 相同　　　　　　　　　　　　　D. 均高于正常

    E. 均低于正常

112. 某患者出现颈静脉怒张，肝大和双下肢水肿，最可能的心血管疾病是

    A. 左心衰竭　　　　　　　　　　　B. 右心衰竭

    C. 肺水肿　　　　　　　　　　　　D. 高血压

    E. 中心静脉压降低

113. 某患者由平卧位突然站立，静脉回心血量减少，每搏输出量、动脉血压降低。该患者每搏输出量减少是由于下列哪项所致

    A. 心室后负荷增大　　　　　　　　B. 心迷走神经兴奋

    C. 心交感神经兴奋　　　　　　　　D. 异长调节

    E. 等长调节

114. 在体外实验观察到当血压在一定范围内变动时器官、组织的血流量仍能维持相对恒定，这种调节反应称为

    A. 神经调节　　　　　　　　　　　B. 体液调节

C. 神经 – 体液调节　　　　　　　　　　　　D. 正反馈调节

E. 自身调节

115. 在动物实验过程中出现每搏输出量降低，左心室舒张末期压力降低，血压降低，分析其原因是

A. 静脉回流减少　　　　　　　　　　　　B. 心肌收缩能力降低

C. 后负荷增大　　　　　　　　　　　　　D. 心率减慢

E. 射血分数降低

116. 机体在急性失血时，最早出现的代偿反应是

A. 迷走神经兴奋　　　　　　　　　　　　B. 交感神经兴奋

C. 组织液回流增加　　　　　　　　　　　D. 血管紧张素系统作用加强

E. 血浆蛋白和红细胞的恢复

117. 从毛细血管动脉端滤出生成的组织液，再经静脉端重吸收入血的约占

A. 10%　　　　　B. 30%　　　　　C. 50%　　　　　D. 70%　　　　　E. 90%

118. 肾病综合征时，导致组织水肿的原因是

A. 毛细血管血压升高　　　　　　　　　　B. 血浆胶体渗透压降低

C. 组织液胶体渗透压增高　　　　　　　　D. 淋巴回流受阻

E. 毛细血管壁通透性增加

二、多项选择题

1. 心肌细胞的静息电位

A. 主要是由于膜对 $Na^+$ 通透造成的　　　B. 是由于膜内外 $Cl^-$ 的分布不均造成的

C. 随膜外 $K^+$ 浓度而变化　　　　　　　D. 完全等于 $K^+$ 的平衡电位

E. 与膜对 $K^+$ 的通透性有关

2. 影响心肌细胞兴奋性的因素有

A. 阈电位水平　　　　　　　　　　　　　B. 静息电位水平

C. 0 期去极速度　　　　　　　　　　　　D. 4 期去极速度

E. 以上均是

3. 运动时心输出量增加的原因有

A. 心肌收缩力增强　　　　　　　　　　　B. 交感神经兴奋

C. 回心血量增加　　　　　　　　　　　　D. 前负荷增加

E. 后负荷增加

4. 正常人安静时的每搏输出量

A. 左心室大于右心室　　　　　　　　　　B. 等于每分输出量除以心率

C. 与体表面积有关　　　　　　　　　　　D. 为 60~80ml

E. 左心室小于右心室

5. 在心房和心室的泵血活动中
   A. 推动血液从心房进入心室主要靠心房收缩
   B. 推动血液从心房进入心室靠心室舒张
   C. 推动血液从心室进入动脉主要靠心房收缩
   D. 房室瓣关闭主要靠心室收缩
   E. 动脉瓣开放靠心房收缩

6. 窦房结所具有的功能特点是
   A. 正常心脏的起搏点　　　　　　B. 不具有传导性
   C. 对潜在起搏点能夺获控制　　　D. 对房室结活动不能阻抑
   E. 在体内活动不受神经影响

7. 在一个心动周期中，房室瓣与主动脉瓣均关闭的时期是
   A. 等容收缩期　　　　　　　　　B. 房缩期
   C. 减慢充盈期　　　　　　　　　D. 等容舒张期
   E. 减慢射血期

8. 影响每搏输出量的主要因素是
   A. 大动脉弹性　　　　　　　　　B. 心肌收缩力
   C. 小动脉口径　　　　　　　　　D. 血液黏度
   E. 回心血量

9. 以下使组织液生成的有效滤过压升高的因素是
   A. 小动脉端压力下降　　　　　　B. 组织间胶体渗透压降低
   C. 血浆晶体渗透压升高　　　　　D. 血浆胶体渗透压降低
   E. 小动脉端血压升高

10. 慢反应细胞的动作电位
   A. 0 期去极速度慢　　　　　　　B. 由快 $Na^+$ 内流所致
   C. 由慢 $Ca^{2+}$ 内流所致　　　　　D. 无明显的复极 1、2 期
   E. 无明显的超射

11. 快反应细胞的动作电位
   A. 0 期去极速度快　　　　　　　B. 动作电位幅度大
   C. 有明显复极 1、2 期　　　　　D. 传导速度快
   E. 复极速度快

12. 影响心肌自律性的因素有
   A. 4 期自动去极速度　　　　　　B. 0 期去极速度

C. 阈电位水平            D. 静息电位舒张电位水平

E. 以上均是

13. 以下组织哪些有自律性

  A. 心房肌                     B. 心室肌

  C. 窦房结                     D. 房室束

  E. 浦肯野纤维

14. 心室肌细胞在一次兴奋过程中，其兴奋性的变化可分为

  A. 绝对不应期              B. 局部反应期

  C. 相对不应期              D. 超常期

  E. 低常期

15. 决定和影响心室肌兴奋性的因素有

  A. 阈电位水平              B. 钠通道性状

  C. 静息位水平              D. 钾通道性状

  E. 钙通道性状

16. 等容收缩期的特点是

  A. 心室容积不发生变化       B. 心室内压上升速度最快

  C. 心室内压超过心房内压     D. 房室瓣和动脉瓣都关闭

  E. 心室内压低于动脉内压

17. 心脏泵血功能的指标有

  A. 每搏输出量              B. 心输出量

  C. 后负荷                     D. 射血分数

  E. 心指数

18. 在心肌收缩能力和前负荷不变的条件下，增加心肌后负荷可使

  A. 每搏输出量减少         B. 等容收缩期缩短

  C. 等容收缩期延长         D. 射血速度减慢

  E. 心室充盈期延长

19. 下列哪项因素使心输出量减少

  A. 迷走神经传出纤维兴奋     B. 颈动脉窦内压升高

  C. 切断支配心脏的交感神经   D. 增加心舒末期容积

  E. 缺氧、酸中毒

20. 运动时心输出量增加的原因有

  A. 心肌收缩力增强         B. 交感神经兴奋

  C. 回心血量增加            D. 前负荷增加

E. 后负荷增加

21. 以下哪些因素可使心输出量增加

    A. 静脉回流血量减少          B. 在一定范围内增加心率

    C. 交感神经兴奋              D. 迷走神经兴奋

    E. 体力劳动

22. 心力贮备包括

    A. 收缩期贮备              B. 心率贮备

    C. 舒张期贮备              D. 余血贮备

    E. 心房贮备

23. 大动脉弹性贮器的主要作用是

    A. 维持一定舒张压         B. 产生外周阻力

    C. 产生收缩压              D. 保持血液的连续流动

    E. 缓冲动脉血压

24. 以下哪几项可使动脉血压升高

    A. 心肌收缩力加强         B. 小血管收缩

    C. 循环血量增加           D. 阻力血管舒张

    E. 心输出量减少

# 第五章

## 呼 吸

一、单项选择题

1. 肺通气是指

    A. 肺与血液之间的气体交换

    B. 外界环境与气道间的气体交换

    C. 肺与外环境之间的气体交换

    D. 外界 $O_2$ 进入肺的过程

    E. 肺泡中 $CO_2$ 排至外环境的过程

2. 肺通气的原动力来自

    A. 肺内压与胸膜腔内压之差          B. 肺内压与大气压之差

    C. 肺的弹性回缩                  D. 呼吸肌舒缩活动

    E. 肺内压周期性变化

3. 肺通气的直接动力是

    A. 呼吸肌的舒缩                  B. 肺的弹性回缩力

    C. 肺泡与外环境之间的压力差       D. 肺内压和胸膜腔内压的周期性变化

    E. 肺内压和胸膜腔内压之差

4. 在下列哪一时相中，肺内压等于大气压

    A. 呼气全程                     B. 吸气末和呼气末

    C. 呼气末和吸气初               D. 吸气全程

    E. 呼吸全程

5. 以下肺内压的变化中正确的是

    A. 呼气末肺内压低于大气压

    B. 平静吸气时肺内压低于大气压

    C. 吸气末肺内压低于大气压

    D. 平静呼气时肺内压低于大气压

    E. 肺内压变化幅度与呼吸深度及呼吸道阻力的大小成反比

6. 胸膜腔内压等于

    A. 大气压 – 非弹性阻力　　　　　　B. 大气压 – 弹性阻力

    C. 大气压 – 肺表面张力　　　　　　D. 大气压 – 肺回缩力

    E. 大气压 – 肺纤维回位力

7. 平静呼气末胸膜腔内压

    A. 等于大气压　　　　　　　　　　B. 低于大气压

    C. 高于大气压　　　　　　　　　　D. 与吸气中期相等

    E. 与吸气末期相等

8. 有关平静呼吸的叙述，错误的是

    A. 吸气时膈肌收缩　　　　　　　　B. 吸气时肋间外肌收缩

    C. 呼气时肋间内肌收缩　　　　　　D. 呼气时胸廓自然回位

    E. 吸气是主动过程

9. 下列关于呼吸运动的叙述，正确的是

    A. 平静呼吸时，呼气和吸气均为主动的

    B. 平静呼吸时，吸气主动，呼气被动

    C. 平静呼吸时，吸气被动，呼气主动

    D. 婴幼儿多以胸式呼吸为主

    E. 深呼吸时，吸气主动，呼气被动

10. 维持胸膜腔内负压的必要条件是

    A. 肺内压高于大气压　　　　　　　B. 肺内压高于胸膜腔内压

    C. 胸膜腔密闭　　　　　　　　　　D. 气道内压高于大气压

    E. 气道跨壁压等于大气压

11. 引起肺回缩的主要因素是

    A. 胸内负压　　　　　　　　　　　B. 肺弹性组织的回缩力

    C. 胸膜腔浆液分子的内聚力　　　　D. 肺泡表面张力

    E. 胸廓弹性回位力

12. 下列关于胸膜腔内压的叙述，错误的是

    A. 等于肺内压与肺回缩压之差　　　B. 总是低于大气压

    C. 可用食管内压间接表示　　　　　D. 有利于维持肺的扩张状态

    E. 有利于静脉血液回流

13. 肺泡表面活性物质是由肺泡内哪种细胞合成分泌的

    A. 肺泡 I 型上皮细胞　　　　　　　B. 肺泡 II 型上皮细胞

    C. 气道上皮细胞　　　　　　　　　D. 肺成纤维细胞

E. 肺泡巨噬细胞

14. 肺泡表面活性物质的主要作用是

    A. 保护肺泡上皮细胞                      B. 增加肺弹性阻力

    C. 降低气道阻力                            D. 降低肺泡表面张力

    E. 降低呼吸膜通透性

15. 肺泡表面活性物质分布于

    A. 肺泡上皮                                B. 肺泡间隙

    C. 毛细血管基膜                          D. 毛细血管内皮

    E. 肺泡表面的液体层

16. 某早产儿出生后不久出现进行性呼吸困难缺氧，诊断为新生儿呼吸窘迫综合征。其病因主要是

    A. 肺泡表面活性物质缺乏             B. 支气管痉挛

    C. 肺纤维增生                         D. 呼吸中枢发育不全

    E. 气道阻塞

17. 平静呼吸时，吸气的阻力主要来源于

    A. 肺泡内液 – 气表面张力          B. 肺弹性成分的回缩力

    C. 胸廓弹性回缩力                     D. 气道阻力

    E. 惯性阻力

18. 影响气道阻力的主要因素是

    A. 肺泡表面张力                           B. 支气管口径

    C. 气流形式                               D. 肺组织的弹性阻力

    E. 气流速度

19. 非弹性阻力主要指的是

    A. 呼吸道阻力                             B. 组织黏滞阻力

    C. 肺泡表面张力                       D. 惯性阻力

    E. 胸廓回位力

20. 平静吸气末，肺内的气体量为

    A. 余气量                                   B. 呼气储备量

    C. 功能余气量 + 潮气量           D. 吸气储备量

    E. 肺总量

21. 平静呼气末肺内的气体量为

    A. 肺活量                                 B. 时间肺活量

    C. 补呼气量和潮气量              D. 补吸气量和余气量

E. 功能余气量

22. 最大呼气末留存于肺中的气体量是

    A. 余气量                        B. 功能余气量

    C. 肺泡气量                    D. 闭合气量

    E. 补呼气量

23. 反映单位时间内充分发挥全部通气能力所达到的通气量称为

    A. 通气储量百分比            B. 最大通气量

    C. 用力肺活量                D. 肺泡通气量

    E. 深吸气量

24. 肺气肿患者的肺弹性回缩力降低，导致哪项气体量增加

    A. 功能余气量               B. 潮气量

    C. 肺活量                     D. 用力肺活量

    E. 补吸气量

25. 肺泡通气量是指

    A. 每次吸入或呼出肺泡的气量      B. 每分钟吸入或呼出肺的气体总量

    C. 每分钟吸入肺泡的新鲜气体量    D. 每分钟尽力吸入肺泡的气体量

    E. 等于潮气量与呼吸频率的乘积

26. 第 1 秒用力呼气量正常值为用力肺活量的

    A. 60%         B. 70%        C. 83%        D. 96%        E. 99%

27. 第 2 秒用力呼气量正常值为肺活量的

    A. 63%         B. 73%        C. 83%        D. 96%        E. 99%

28. 某人潮气量是 400ml，补呼气量是 900ml，余气量是 1000ml。其功能余气量是

    A. 1300ml      B. 1900ml     C. 2300ml     D. 1400ml     E. 1500ml

29. 某人潮气量是 500ml，补呼气量是 1000ml，补吸气量是 2000ml，肺活量是

    A. 3000ml      B. 1900ml     C. 3500ml     D. 2500ml     E. 1500ml

30. 肺活量等于

    A. 潮气量 + 补呼气量           B. 潮气量 + 补吸气量

    C. 潮气量 - 补吸气量           D. 潮气量 + 余气量

    E. 潮气量 + 补吸气量 + 补呼气量

31. 无效腔增大时，呼吸运动

    A. 变慢变化                  B. 变快变深

    C. 变快变浅                  D. 逐渐减弱

    E. 没有变化

32. 对肺泡气体分压变化起缓冲作用的是
    A. 补吸气量
    B. 深吸气量
    C. 补呼气量
    D. 功能余气量
    E. 余气量

33. 在几种不同的呼吸运动中，能提高气体交换效率的呼吸是
    A. 平静呼吸
    B. 潮式呼吸
    C. 浅快呼吸
    D. 深慢呼吸
    E. 浅慢呼吸

34. 肺总容量等于
    A. 潮气量 + 肺活量
    B. 肺活量 + 功能余气量
    C. 余气量 + 补吸气量
    D. 余气量 + 肺活量
    E. 余气量 + 功能余气量

35. 能动态反映肺呼气阻力的指标是
    A. 最大通气量
    B. 肺活量
    C. 用力呼气量
    D. 每分通气量
    E. 肺泡通气量

36. 决定肺内气体交换方向的主要因素是
    A. 气体的分压差
    B. 气体的分子量
    C. 气体的溶解度
    D. 气体与血红蛋白亲和力
    E. 呼吸膜通透性

37. 体内氧分压最高的部位是
    A. 肺泡气
    B. 细胞内液
    C. 组织液
    D. 动脉血
    E. 静脉血

38. 体内 $CO_2$ 分压最高的部位是
    A. 肺泡气
    B. 细胞内液
    C. 组织液
    D. 动脉血
    E. 静脉血

39. 体内 $O_2$ 分压最低的部位是
    A. 肺泡气
    B. 细胞内液
    C. 组织液
    D. 动脉血
    E. 静脉血

40. $CO_2$ 分压由高至低的顺序是

    A. 静脉血、肺泡、组织细胞        B. 静脉血、组织细胞、肺泡

    C. 肺泡、组织细胞、静脉血        D. 组织细胞、静脉血、肺泡

    E. 组织细胞、肺泡、静脉血

41. $O_2$ 分压由高至低的顺序是

    A. 动脉血、肺泡、组织细胞        B. 肺泡、动脉血、组织细胞

    C. 肺泡、组织细胞、静脉血        D. 组织细胞、静脉血、肺泡

    E. 组织细胞、肺泡、静脉血

42. 若分压差相等，$CO_2$ 扩散速率约为 $O_2$ 的

    A. 2 倍                    B. 10 倍

    C. 20 倍                  D. 40 倍

    E. 50 倍

43. 某人每分通气量 7.5L，呼吸频率 20/min，无效腔容量 125ml，每分心输出量 5L。

    他的肺通气／血流比值应是

    A. 0.4          B. 0.6          C. 0.8          D. 1.0          E. 1.2

44. 当呼吸膜的厚度增加、扩散面积减少时，会引起

    A. 解剖无效腔增加        B. 气体扩散量减少

    C. 肺泡无效腔增加        D. 解剖无效腔减少

    E. 气体扩散量增加

45. 浅而快的呼吸不利于肺换气的原因是

    A. 浅快呼吸时每分通气量下降        B. 浅快呼吸时肺泡通气量增大

    C. 浅快呼吸时肺泡血流量下降        D. 浅快呼吸时肺泡通气量减小

    E. 与解剖无效腔无关

46. 衡量肺通气潜能的指标是

    A. 肺通气量             B. 肺泡通气量

    C. 用力肺活量           D. 用力呼气量

    E. 通气贮量百分比

47. 通气／血流比值是指

    A. 每分肺通气量与每分肺血流量之比

    B. 功能余气量与每分肺血流量之比

    C. 每分肺泡通气量与每分肺血流量之比

    D. 每分最大通气量与每分肺血流量之比

    E. 肺活量与每分肺毛细血管血流量之比

48. 通气／血流比值的正常值是

    A. 0.4           B. 0.6          C. 0.8          D. 0.84         E. 1.0

49. 肺通气／血流比值反映了肺部气体交换时的匹配情况。通气／血流比值增大表明

    A. 肺内气体交换正常                B. 解剖无效腔增大

    C. 解剖性动静脉短路              D. 功能性动 – 静脉短路

    E. 肺泡无效腔增大

50. 下列关于通气／血流比值的描述，正确的是

    A. 为肺通气量和心输出量的比值

    B. 比值增大或减小都降低肺换气效率

    C. 人体直立时肺尖部比值较小

    D. 比值增大犹如发生了动 – 静脉短路

    E. 比值减小意味着肺泡无效腔增大

51. 下列关于 Hb 与 $O_2$ 结合的叙述，不正确的是

    A. Hb 与 $O_2$ 的结合是氧合，不是氧化

    B. 1 分子 Hb 最多可以结合 4 分子 $O_2$

    C. 100ml 血液中 Hb 所能结合的最大 $O_2$ 量，称为 Hb 氧含量

    D. Hb 的 4 个亚单位无论在结合 $O_2$ 或释放 $O_2$ 时，彼此间有协同效应

    E. 血液中去氧 Hb 达到或超过 5g/100ml 时，皮肤、黏膜出现发绀

52. 氧解离曲线是

    A. 血 $O_2$ 分压与血氧容量之间关系的曲线

    B. 血 $O_2$ 分压与血氧含量之间关系的曲线

    C. 血 $O_2$ 分压与血氧饱和度之间关系的曲线

    D. 血 $O_2$ 分压与血液 pH 之间关系的曲线

    E. 血 $O_2$ 分压与血 $CO_2$ 分压之间关系的曲线

53. 使氧解离曲线右移的因素是

    A. 体温升高                     B. 血液 pH 升高

    C. 血 $CO_2$ 分压降低              D. 2，3– 二磷酰甘油酸减少

    E. 血 $O_2$ 分压升高

54. 有关发绀的叙述，错误的是

    A. 当毛细血管床血液中 Hb 达 50g/L 时，出现发绀

    B. 严重贫血的人均会出现发绀

    C. 严重缺氧的人不一定都出现发绀

    D. 高原红细胞增多症可出现发绀

E. CO 中毒时不出现发绀

55. $O_2$ 在血液中运输的主要形式是

    A. $HbO_2$　　　　　　　　　　　　B. $NaHCO_3$

    C. $H_2CO_3$　　　　　　　　　　　　D. HbNHCOOH

    E. 物理溶解

56. $CO_2$ 在血液中运输的主要形式是

    A. $KHCO_3$　　　　　　　　　　　　B. $NaHCO_3$

    C. $H_2CO_3$　　　　　　　　　　　　D. HbNHCOOH

    E. 物理溶解

57. 呼吸节律形成的基本中枢位于

    A. 脊髓　　　　　　　　　　　　B. 延髓

    C. 脑桥　　　　　　　　　　　　D. 下丘脑

    E. 大脑皮质

58. 脑桥呼吸调整中枢的主要作用是

    A. 促使吸气转为呼气　　　　　　B. 促使呼气转为吸气

    C. 接受肺牵张反射的传入信息　　D. 减慢呼吸频率

    E. 使吸气缩短、呼气延长

59. 脑桥呼吸调整中枢位于

    A. 脊髓　　　　　　　　　　　　B. 延髓

    C. 脑桥　　　　　　　　　　　　D. 下丘脑

    E. 大脑皮质

60. $CO_2$ 增强呼吸运动主要是通过刺激

    A. 脑桥呼吸中枢　　　　　　　　B. 外周化学感受器

    C. 延髓呼吸中枢　　　　　　　　D. 中枢化学感受器

    E. 大脑皮质

61. 缺氧增强呼吸运动主要是通过刺激

    A. 外周化学感受器　　　　　　　B. 中枢化学感受器

    C. 延髓呼吸中枢　　　　　　　　D. 脑桥呼吸中枢

    E. 下丘脑呼吸中枢

62. 关于缺氧对呼吸的影响，叙述正确的是

    A. 直接兴奋延髓呼吸中枢　　　　B. 直接兴奋脑桥呼吸中枢

    C. 主要兴奋中枢化学感受器　　　D. 严重低氧时呼吸加深、加快

    E. 轻度低氧时呼吸加深加快

63. 生理情况下，血液中调节呼吸的最重要因素是
   A. $CO_2$          B. $H^+$          C. $O_2$          D. Hb          E. $NaHCO_3$

64. 1g 血红蛋白可结合的氧量为
   A. 0.34~0.39ml          B. 1.34~1.39ml
   C. 1.39~2.34ml          D. 2.34~2.39ml
   E. 2.39~3.34ml

65. 在高原、高空环境下，只要吸入空气血 $O_2$ 分压大于 60mmHg，Hb 氧饱和度仍可达
   A. 50%~60%          B. 60%~70%
   C. 70%~80%          D. 80%~90%
   E. 90% 以上

66. 关于动脉血 $CO_2$ 分压升高引起的各种效应，下列哪一项叙述是错误的
   A. 刺激外周化学感受器，使呼吸运动增强
   B. 刺激中枢化学感受器，使呼吸运动增强
   C. 直接兴奋呼吸中枢
   D. 使氧解离曲线右移
   E. 使血液中 $CO_2$ 容积百分数增加

67. 下列哪种情况能引起动脉血 $CO_2$ 分压降低
   A. 增大无效腔          B. 肺气肿
   C. 肺水肿          D. 呼吸性酸中毒
   E. 过度通气

68. 中枢化学感受器位于
   A. 大脑皮质          B. 脑桥
   C. 延髓腹外侧          D. 下丘脑
   E. 大脑边缘叶

69. 实验切断双侧颈迷走神经后，兔的呼吸
   A. 频率加快，幅度减小          B. 频率加快，幅度增大
   C. 频率和幅度均不变          D. 频率减慢，幅度减小
   E. 频率减慢，幅度增大

70. 通过兴奋中枢化学感受器增强肺通气的有效刺激是
   A. 脑脊液 $H^+$ 浓度升高          B. 脑脊液 $CO_2$ 分压升高
   C. 脑脊液 $O_2$ 分压降低          D. 动脉血 $H^+$ 浓度升高
   E. 动脉血 $O_2$ 分压降低

71. 增大无效腔使实验动物的呼吸加深加快，与此调节活动无关的感受器是

    A. 肺牵张感受器                 B. 呼吸肌本体感受器

    C. 颈动脉窦和主动脉弓感受器      D. 颈动脉体和主动脉体感受器

    E. 中枢化学感受器

72. 人在平静呼吸时，肺扩张反射不参与呼吸调节。在肺充血、肺水肿等病理情况下，由于肺顺应性降低，使肺牵张感受器发放冲动增加而引起该反射，使得

    A. 肺通气量增加                 B. 气体交换增多

    C. 肺泡无效腔减少              D. 呼吸变浅、变快

    E. 呼吸加深、变慢

73. 有关肺牵张反射的叙述，错误的是

    A. 是指由肺扩张或缩小引起的反射

    B. 感受器在气管至细支气管平滑肌内

    C. 传入神经为迷走神经

    D. 在正常人平静呼吸时起重要作用

    E. 又称黑－伯反射

74. 有关呼吸肌本体感受性反射，错误的是

    A. 感受器为呼吸肌内的肌梭        B. 效应器主要是肋间肌

    C. 中枢位于脊髓                 D. 在平静呼吸时不起作用

    E. 其作用是限制呼吸深度

75. 肺换气是指

    A. 肺泡气与血液之间的气体交换     B. 外界环境与气道间的气体交换

    C. 肺与外环境之间的气体交换      D. 外界 $O_2$ 进入肺的过程

    E. 肺泡中 $CO_2$ 排至外环境的过程

76. 下列有关肺总量的叙述，错误的是

    A. 肺总量在不同个体有年龄和性别的差异

    B. 肺总量与身材有关

    C. 肺总量是指肺所能容纳的最大气体量

    D. 肺总量与体育锻炼有关

    E. 肺总量是肺活量与功能余气量之和

77. 决定每分钟肺泡通气量的因素是

    A. 余气量的多少                 B. 肺总量的大小

    C. 肺活量的大小                D. 呼吸频率、潮气量与无效腔的大小

    E. 呼吸频率与无效腔的大小

78. 潮气量增加（其他因素不变）时，下列选项中将增加的是

    A. 补呼气量　　　　　　　　　　　　B. 余气量

    C. 补吸气量　　　　　　　　　　　　D. 肺泡通气量

    E. 呼气储备量

79. 每分通气量和肺泡通气量之差为

    A. 无效腔气量 × 呼吸频率　　　　　B. 潮气量 × 呼吸频率

    C. 功能余气量 × 呼吸频率　　　　　D. 余气量 × 呼吸频率

    E. 肺活量 × 呼吸频率

80. 如果潮气量减少一半，而呼吸频率加快 1 倍，则

    A. 每分通气量增加　　　　　　　　　B. 每分通气量减少

    C. 肺泡通气量增加　　　　　　　　　D. 肺泡通气量减少

    E. 肺泡通气量不变

81. 正常人体气体交换的关键因素是

    A. 生物膜的通透性　　　　　　　　　B. 气体的溶解度

    C. 交换部位两侧气体的分压差　　　　D. 通气／血流比值

    E. 温度

82. 人体内 $CO_2$ 分压最低的部位是

    A. 组织液　　　　　　　　　　　　　B. 细胞内液

    C. 毛细血管血液　　　　　　　　　　D. 静脉血液

    E. 肺泡内气体

83. $CO_2$ 通过呼吸膜的速率比 $O_2$ 快的主要原因是

    A. 原理为易化扩散　　　　　　　　　B. 分压差比 $O_2$ 大

    C. 分子量比 $O_2$ 大　　　　　　　　D. 在血中溶解度比 $O_2$ 大

    E. 原理为通道转运

84. 平静呼吸时呼吸频率的正常值是

    A. 8~12/min　　　　　　　　　　　　B. 10~15/min

    C. 12~18/min　　　　　　　　　　　D. 15~20/min

    E. 18~25/min

85. 某人潮气量是 500ml，补呼气量是 1000ml，补吸气量是 2000ml，深吸气量是

    A. 3000ml　　　　　　　　　　　　　B. 1900ml

    C. 3500ml　　　　　　　　　　　　　D. 2500ml

    E. 1500ml

86. 当潮气量为 500ml，呼吸频率为 15/min 时，无效腔为 150ml，其每分钟肺泡通气量是

    A. 4500ml                               B. 5250ml

    C. 7500ml                               D. 8500ml

    E. 9500ml

87. 如果潮气量增加 1 倍，而呼吸频率减少一半，则

    A. 每分通气量增加                  B. 每分通气量减少

    C. 肺泡通气量增加                  D. 肺泡通气量减少

    E. 肺泡通气量不变

88. 第 3 秒用力呼气量正常值为用力肺活量的

    A. 60%          B. 70%          C. 83%          D. 96%          E. 99%

89. 组织换气是指

    A. 肺泡气与血液之间的气体交换

    B. 外界环境与气道间的气体交换

    C. 动脉血中的气体与组织细胞之间的气体交换

    D. 外界 $O_2$ 进入肺的过程

    E. 肺泡中 $CO_2$ 排至外环境的过程

90. 在几种不同的呼吸运动中，不利于机体换气的呼吸模式是

    A. 平静呼吸                              B. 潮式呼吸

    C. 浅快呼吸                              D. 深慢呼吸

    E. 浅慢呼吸

## 二、多项选择题

1. 用力呼吸时，参与呼吸运动的肌肉有

    A. 肋间外肌                              B. 肋间内肌

    C. 胸锁乳突肌                           D. 膈肌

    E. 腹壁肌

2. 呼吸气体在血液中运输的形式是

    A. 吞饮作用                              B. 物理溶解

    C. 化学结合                              D. 渗透作用

    E. 分泌作用

3. 下列关于平静呼吸的叙述，哪项是错误的

    A. 吸气时肋间外肌舒张                B. 呼气时呼气肌收缩

    C. 吸气时膈肌收缩                      D. 呼气时膈肌和肋间外肌舒张

E. 呼气时胸骨和肋骨恢复原位

4. 肺泡回缩力来自

    A. 胸内负压                     B. 肺泡内层液面的表面张力

    C. 肺的弹力纤维               D. 肺泡表面活性物质

    E. 肺内压

5. 与弹性阻力有关的因素是

    A. 肺回缩力                     B. 气道口径

    C. 气道长度                     D. 气体密度

    E. 胸廓回缩力

6. 正常成人在最大吸气后以最快速度呼气，在前两秒末所呼出气量分别占肺活量的

    A. 83%           B. 96%           C. 70%           D. 80%           E. 99%

7. 引起呼吸道平滑肌强烈收缩的体液因素是

    A. 5– 羟色胺                 B. 肾上腺素

    C. 缓激肽                     D. 去甲肾上腺素

    E. 以上全错

8. 关于肺泡通气血流比值描述正确的是

    A. 安静时正常值是 0.84           B. 比值减小如同发生动 – 静脉短路

    C. 肺尖部比值可增至 3.3           D. 比值增大，使生理无效腔增大

    E. 肺底部比值降低

9. 影响肺通气的因素有

    A. 胸廓弹性回缩力               B. 气道阻力

    C. 肺循环速度               D. 肺弹性回缩力

    E. 呼吸做功大小

10. 与胸膜腔内负压形成有关的因素是

    A. 肺的弹性回缩力             B. 胸廓的弹性回缩力

    C. 肺泡表面张力              D. 胸膜腔内少量浆液

    E. 胸膜腔的密闭状态

11. 影响肺泡通气量的因素有

    A. 通气血流比值              B. 肺泡内气体分压

    C. 无效腔                     D. 呼吸频率

    E. 潮气量

12. 影响氧解离曲线的因素有

    A. 酸碱度                     B. $CO_2$

C. 温度　　　　　　　　　　　　D. 2,3–DPG

E. 以上都不是

13. $CO_2$ 对呼吸的调节是通过

    A. 直接刺激延髓呼吸中枢

    B. 加强肺牵张反射

    C. 刺激颈动脉体和主动脉体化学感受器

    D. 刺激延髓中枢化学感受器

    E. 直接刺激脑桥呼吸调整中枢

14. 外周化学感受器主要包括

    A. 颈动脉窦　　　　　　　　　B. 主动脉弓

    C. 颈动脉体　　　　　　　　　D. 主动脉体

    E. 以上均是

## 一、单项选择题

1. 胃排空速度最慢的物质是

   A. 糖
   B. 蛋白质
   C. 糖、蛋白质和脂肪的混合物
   D. 糖与蛋白质混合物
   E. 脂肪

2. 支配胃肠道的副交感神经末梢释放的神经递质是

   A. 去甲肾上腺素
   B. 乙酰胆碱
   C. 5-羟色胺
   D. 谷氨酸
   E. 血管活性肠肽

3. 胰液中不含

   A. $HCO_3^-$
   B. 肠致活酶
   C. 糜蛋白酶原
   D. 淀粉酶和脂肪酶
   E. 胰蛋白酶原

4. 消化能力最强的消化液是

   A. 唾液
   B. 胃液
   C. 胆汁
   D. 小肠液
   E. 胰液

5. 胃的容受性舒张是通过下列哪一因素实现的

   A. 交感神经
   B. 迷走神经
   C. 抑胃肽
   D. 胰泌素
   E. 壁内神经丛

6. 下列关于胆汁的描述，正确的是

   A. 非消化期无胆汁分泌
   B. 消化期只有胆囊、胆汁排入小肠
   C. 胆汁中与消化有关的成分是胆盐
   D. 胆汁中含有脂肪消化酶
   E. 胆盐可促进蛋白质消化和吸收

7. 激活胰蛋白酶原的物质是

  A. 盐酸                             B. 组织液

  C. 糜蛋白酶                   D. 胰蛋白酶本身

  E. 肠激活酶

8. 小肠特有的运动形式为

  A. 蠕动                               B. 容受性舒张

  C. 分节运动                   D. 紧张性收缩

  E. 袋状往返运动

9. 促胰液素引起胰腺分泌的特点是

  A. 大量的水和碳酸氢盐，酶的含量少

  B. 少量的水和碳酸氢盐，酶的含量多

  C. 大量的水和碳酸氢盐，酶的含量多

  D. 少量的水，碳酸氢盐和酶的含量多

  E. 大量的碳酸氢盐，水和酶的含量少

10. 下列不属于胃肠激素的是

  A. 胃泌素                         B. 缩胆囊素

  C. 肾上腺素                   D. 促胰液素

  E. 抑胃肽

11. 下列食物中引起胆汁排放最多的是

  A. 淀粉      B. 大米      C. 蔬菜      D. 水果      E. 肉类

12. 胆汁中与消化有关的成分是

  A. 脂肪酸                       B. 胆固醇

  C. 胆色素                     D. 胆盐

  E. 无机盐和水

13. 引起胆囊收缩的一个重要的体液因素是

  A. 促胰液素                   B. 促胃液素

  C. 胆囊收缩素               D. 盐酸

  E. 胆盐

14. 对脂肪消化作用最强的消化液是

  A. 唾液      B. 小肠液      C. 胃液      D. 胰液      E. 胆汁

15. 铁被吸收最快的部位是

  A. 胃                                  B. 十二指肠和空肠上段

  C. 空肠下段                   D. 回肠

E. 大肠

16. 胆盐可协助下列哪一种酶消化食物

    A. 胰蛋白酶　　　　　　　　　　　B. 糜蛋白酶

    C. 胰淀粉酶　　　　　　　　　　　D. 胰脂肪酶

    E. 肠致活酶

17. 营养物质的吸收主要发生于

    A. 食管　　　　B. 胃　　　　C. 小肠　　　　D. 结肠　　　　E. 小肠和结肠

18. 糖吸收的分子形式是

    A. 淀粉　　　　B. 多糖　　　　C. 单糖　　　　D. 麦芽糖　　　　E. 寡糖

19. 人唾液中除含有唾液淀粉酶外，还含有

    A. 凝乳酶　　　　　　　　　　　　B. 蛋白水解酶

    C. 麦芽糖酶　　　　　　　　　　　D. 溶菌酶

    E. 肽酶

20. 关于胃的蠕动，正确的是

    A. 发生频率约为 12/min

    B. 起始于胃底部

    C. 蠕动波向胃底和幽门两个方向传播

    D. 空腹时基本不发生

    E. 一个蠕动波消失后才产生另一个蠕动

21. 蛋白质吸收的主要形式是

    A. 蛋白质　　　　B. 多肽　　　　C. 寡肽　　　　D. 氨基酸　　　　E. 二肽和三肽

22. 小肠黏膜吸收葡萄糖时，同时转运的离子是

    A. $Ca^{2+}$　　　　B. $Cl^-$　　　　C. $K^+$　　　　D. $Na^+$　　　　E. $Mg^{2+}$

23. 关于头期胃液分泌的叙述，正确的是

    A. 只有食物直接刺激口腔才能引起　　　B. 是纯神经调节

    C. 传出神经是迷走神经　　　　　　　　D. 不包括条件反射

    E. 酸度高、胃蛋白酶含量较少

24. 胃特有的运动形式是

    A. 紧张性收缩　　　　　　　　　　B. 分节运动

    C. 蠕动　　　　　　　　　　　　　D. 容受性舒张

    E. 蠕动冲

25. 关于消化道平滑肌 BER 的叙述，下列哪项是错误的

    A. 基本电节律是节律性的去极化波

B. 基本电节律又称慢波

C. 胃肠道各个部位的基本电节律频率相同

D. 它的产生与细胞膜生电钠泵的周期活动有关

E. 它的波幅变化在 5~15mV

26. 下列因素中，哪一种可以促进胃排空

 A. 促胃液素       B. 肠 – 胃反射

 C. 促胰液素       D. 抑胃肽

 E. 缩胆囊素

27. 胃容受性舒张是通过下列哪一途径实现的

 A. 交感神经兴奋     B. 迷走神经末梢释放 ACH

 C. 壁内神经丛兴奋    D. 迷走神经末梢释放某种肽类物质

 E. 迷走神经引起胃黏膜释放前列腺素

28. 关于胰液分泌的调节，下列哪项是错误的

 A. 在非消化期，胰液基本上不分泌

 B. 食物的形态、气味可通过条件反射引起胰液分泌

 C. 传出神经是迷走神经

 D. 迷走神经兴奋引起胰液分泌大量水和碳酸氢盐，而酶的含量很少

 E. 胰液分泌受神经和体液调节双重控制，而以体液调节为主

29. 胆盐和维生素 $B_{12}$ 吸收是在

 A. 胃         B. 十二指肠

 C. 空肠        D. 回肠

 E. 大肠

30. 人体内分泌激素种类最多的器官是

 A. 甲状腺       B. 性腺

 C. 脑垂体       D. 下丘脑

 E. 消化道

31. 促胃液素的生理作用不包括

 A. 刺激胃酸分泌     B. 促进胃运动

 C. 促进唾液分泌     D. 促进胆汁分泌

 E. 刺激胰酶分泌

32. 关于胆汁的生理作用，下列哪项是错误的

 A. 胆盐、胆固醇和卵磷脂都可乳化脂肪

 B. 胆盐可促进脂肪的吸收

C. 胆汁可促进脂溶性维生素的吸收

D. 胆盐在十二指肠和脂肪同时被吸收

E. 胆汁在十二指肠可中和一部分胃酸

33. 下列哪一种运动可以出现在结肠而不是小肠

    A. 分节运动　　　　　　　　　　　B. 蠕动冲

    C. 紧张性收缩　　　　　　　　　　D. 0.5~2.0cm/s 的蠕动

    E. 集团蠕动

34. 关于胃液分泌的描述，下列哪项是错误的

    A. 主细胞分泌胃蛋白酶原　　　　　B. 内因子由主细胞分泌

    C. 壁细胞分泌盐酸　　　　　　　　D. 幽门腺分泌黏液

    E. 黏液细胞分泌糖蛋白

35. 关于糖类的吸收，下列叙述哪项是错误的

    A. 糖类以单糖形式吸收

    B. 果糖吸收速率快于半乳糖和葡萄糖

    C. 单糖吸收是耗能的主动转运

    D. 需要载体蛋白参与

    E. 与 $Na^+$ 的吸收相耦联

36. 下列有关消化道平滑肌生理特性的叙述，哪项是错误的

    A. 它的兴奋性较低　　　　　　　　B. 收缩缓慢

    C. 有一定的紧张性　　　　　　　　D. 对电刺激敏感

    E. 有较大伸展性

37. 支配消化道的交感神经节后纤维末梢释放的神经递质是

    A. Ach　　　　　　　　　　　　　B. 去甲肾上腺素

    C. 多巴胺　　　　　　　　　　　　D. 肾上腺素

    E. γ – 氨基丁酸

38. 关于唾液的生理作用，下列哪一项是错误的

    A. 湿润与溶解食物　　　　　　　　B. 清洁保护口腔

    C. 杀菌　　　　　　　　　　　　　D. 部分消化蛋白质

    E. 部分消化淀粉

39. 刺激促胰液素释放的最有效物质是

    A. 蛋白质分解产物　　　　　　　　B. 葡萄糖

    C. HCl　　　　　　　　　　　　　D. 胆酸钠

    E. 淀粉

40. 下列哪种情况不会引起维生素 $B_{12}$ 的缺乏
    A. 慢性胃炎引起的胃酸缺乏　　　B. 胃壁细胞的自身免疫性破坏
    C. 外科切除空肠　　　　　　　D. 外科切除回肠
    E. 胃全切除

41. 胰蛋白酶原转变为胰蛋白酶的激活物是
    A. $Cl^-$　　　　　　　　　　B. HCl
    C. 肠致活酶　　　　　　　　D. 内因子
    E. $Ca^{2+}$

42. 肠平滑肌动作电位产生的主要离子基础是
    A. $K^+$ 内流　　　　　　　　B. $Na^+$ 内流
    C. $Ca^{2+}$ 内流　　　　　　　D. $Ca^{2+}$ 与 $K^+$ 内流
    E. $Na^+$ 与 $K^+$ 内流

43. 关于小肠液的描述，下列哪项是错误的
    A. 小肠液由十二指肠腺和肠腺所分泌
    B. 是一种弱碱性的液体
    C. 成人每日的分泌量为 1~3L
    D. 含有多种消化酶
    E. 小肠液的分泌受神经和体液因素的影响

44. 关于促胰液素的作用，下列哪项是错误的
    A. 促进胆汁分泌　　　　　　　B. 促进胰液分泌
    C. 促进胃运动　　　　　　　D. 促进胰腺分泌碳酸氢根
    E. 促进小肠液分泌

45. 胃酸的生理作用不包括
    A. 激活胃蛋白酶原　　　　　　B. 杀死进入胃内的细菌
    C. 促进胰液、胆汁分泌　　　　D. 促进铁和钙的吸收
    E. 促进脂肪的吸收

46. 糖类、蛋白质和脂肪消化产物大部分吸收的部位是在
    A. 十二指肠　　　　　　　　B. 空肠及回肠
    C. 十二指肠、空肠　　　　　D. 十二指肠、空肠及回肠
    E. 回肠

47. 胃黏膜处于高酸和胃蛋白酶的环境中不被破坏的自我保护机制，称为
    A. 黏液屏障　　　　　　　　B. 碳酸氢盐屏障
    C. 黏液 – 碳酸氢盐屏障　　　D. 黏液细胞保护

E. 黏液凝胶层保护

48. 胃容受性舒张的主要刺激物是

　　A. 胃中的食物　　　　　　　　　　B. 小肠中的食物

　　C. 咽部和食管中的食物　　　　　　D. 缩胆囊素

　　E. 促胰液素

49. 胆汁中不含有

　　A. 胆色素　　　　　　　　　　　　B. 胆盐

　　C. 卵磷脂　　　　　　　　　　　　D. 消化酶

　　E. 无机盐

50. 通过肠－胃反射

　　A. 促进胃的排空，抑制胃酸分泌　　B. 抑制胃的排空，促进胃酸分泌

　　C. 促进胃的排空，促进胃酸分泌　　D. 抑制胃的排空，抑制胃酸分泌

　　E. 以上都不是

51. 关于唾液分泌的调节，下列哪项叙述是错误的

　　A. 唾液分泌的调节完全是神经反射性的

　　B. 参与唾液分泌的反射包括条件反射和非条件反射

　　C. 唾液分泌的初级中枢在延髓

　　D. 副交感神经兴奋时唾液分泌增加

　　E. 交感神经对唾液分泌起抑制作用

52. 下列除哪项不是副交感神经兴奋时的作用

　　A. 抑制胃肠运动　　　　　　　　　B. 抑制括约肌的收缩

　　C. 使胆囊收缩　　　　　　　　　　D. 奥迪括约肌舒张

　　E. 能引起各种消化液的分泌

53. 下列哪项不是小肠的运动形式

　　A. 容受性舒张　　　　　　　　　　B. 分节运动

　　C. 紧张性收缩　　　　　　　　　　D. 蠕动

　　E. 蠕动冲

54. 有关胰液的叙述，错误的是

　　A. 每日分泌 1~2L　　　　　　　　B. 消化作用最强

　　C. 无色中性液体　　　　　　　　　D. 含有多种消化酶

　　E. 无机成分中，碳酸氢盐最重要

55. 延缓胃排空速度的主要因素是

　　A. 幽门两侧的压力差增大　　　　　B. 稀的流体食物

C. 胃内容物多　　　　　　　　　　D. 脂肪类食物

E. 幽门括约肌的活动

56. 胃肠平滑肌收缩的幅度主要取决于

A. 动作电位的幅度　　　　　　　　B. 动作电位的频率

C. 基本电节律的频率　　　　　　　D. 静息电位的频率

E. 静息电位的幅度

57. 参与构成胃黏膜保护屏障的主要离子是

A. $Na^+$　　　　　B. $Ca^{2+}$　　　　　C. $HCO_3^-$　　　　D. $H^+$　　　　　E. $Cl^-$

58. 使胃蛋白酶原转变成胃蛋白酶的激活物是

A. $Na^+$　　　　　B. $Cl^-$　　　　　C. $K^+$　　　　　D. 内因子　　　　E. HCl

59. 刺激胃液分泌的重要物质是

A. 去甲肾上腺素　　　　　　　　　B. 肾上腺素

C. 抑胃肽　　　　　　　　　　　　D. 促胰液素

E. 组胺

60. 胰液中凝乳作用较强的酶是

A. 胰蛋白酶　　　　　　　　　　　B. 糜蛋白酶

C. 胰脂肪酶　　　　　　　　　　　D. 胰淀粉酶

E. 羧基肽酶

二、多项选择题

食物吸收的主要部位在小肠，原因有

A. 食物在小肠内停留时间长

B. 小肠长度长，肠壁厚

C. 小肠黏膜中有丰富的毛细血管和毛细淋巴管

D. 食物在小肠内已被分解为易吸收的小分子物质

E. 小肠吸收面积大

一、单项选择题

1. 机体 70% 的能量来自

    A. 糖的氧化　　　　　　　　　　B. 脂肪的氧化

    C. 蛋白质的氧化　　　　　　　　D. 核酸的分解

    E. 脂蛋白的分解

2. 体内能源贮存的主要形式是

    A. 肝糖原　　　　　　　　　　　B. 肌糖原

    C. 脂肪　　　　　　　　　　　　D. 蛋白质

    E. 葡萄糖

3. 以下哪些物质是构成体内组织的主要原料

    A. 肝糖原　　　　　　　　　　　B. 肌糖原

    C. 脂肪　　　　　　　　　　　　D. 蛋白质

    E. 葡萄糖

4. 肌肉收缩时直接使用的能源是

    A. 磷酸肌酸　　　　　　　　　　B. 酮体

    C. 葡萄糖　　　　　　　　　　　D. 脂肪酸

    E. ATP

5. 体内既能贮能又能直接供能的物质是

    A. 磷酸肌酸　　　　　　　　　　B. 三磷酸腺苷

    C. 葡萄糖　　　　　　　　　　　D. 肝糖原

    E. 脂肪酸

6. 能量代谢率与下列哪项具有比例关系

    A. 体重　　　　　　　　　　　　B. 身高

    C. 体表面积　　　　　　　　　　D. 环境温度

    E. 进食量

7. 对机体能量代谢影响最大的因素是

    A. 肌肉活动                B. 食物特殊动力作用

    C. 精神紧张                D. 环境温度

    E. 年龄

8. 以下哪个因素几乎不影响能量代谢率

    A. 肌肉活动                B. 食物特殊动力作用

    C. 精神紧张                D. 环境温度

    E. 平静思考问题

9. 以下能量代谢率最高的是

    A. 儿童                    B. 成年女性

    C. 老人                    D. 中年人

    E. 成年男性

10. 机体安静时，能量代谢最稳定的环境温度是

    A. 0~5℃              B. 5~10℃

    C. 15~20℃           D. 20~30℃

    E. 30~35℃

11. 下列哪些情况基础代谢率最低

    A. 安静时                B. 基础条件下

    C. 清醒后未进食前         D. 平卧时

    E. 熟睡时

12. 进食后，使机体产生额外热量最多的食物是

    A. 甘蔗     B. 猪油     C. 鸡蛋     D. 蔬菜     E. 水果

13. 基础代谢率的正常变化百分率应为

    A. ±25%     B. ±20%     C. ±15%     D. ±30%     E. ±5%

14. 当人体发热时，体温每升高1℃，基础代谢率约升高

    A. 13%     B. 23%     C. 16%     D. 15%     E. 20%

15. 基础代谢率的测定常用于下列哪种疾病的诊断

    A. 垂体功能低下         B. 甲状腺功能亢进和低下

    C. 肾上腺皮质功能亢进     D. 糖尿病

    E. 肥胖病

16. 关于基础代谢的叙述，下列哪项是错误的

    A. 在基础条件下测定     B. 通常是以 kJ/（m² · h）表示

    C. 机体最低的代谢水平     D. 临床多用相对值表示

E. 与体重不成比例关系

17. 测定基础代谢率的条件，错误的是

A. 清醒　　　　　　　　　　　　B. 安静

C. 餐后 6h　　　　　　　　　　 D. 室温 25℃

E. 平卧、肌肉放松

18. 下列有关基础代谢率的叙述，正确的是

A. 正常人基础代谢率相对稳定

B. 女性比同年龄组男性高

C. 幼儿比成年人低

D. 体温每升高 1℃，基础代谢率升高 15%

E. 基础代谢率实测值大于正常平均值时，提示机体有病理变化

19. 基础代谢率的实测值与正常平均值相差多少不属于病态

A. ±0~20%　　　　　　　　　　 B. ±10%~15%

C. ±20%~25%　　　　　　　　　 D. ±20%~30%

E. ±30%

20. 甲状腺功能亢进时，基础代谢率

A. 增加　　　　B. 减少　　　　C. 不变　　　　D. 恒定　　　　D. 不定

21. 环境温度过高、过低均可能使能量代谢率

A. 增加　　　　B. 减少　　　　C. 不变　　　　D. 恒定　　　　D. 不定

22. 生理学所指的体温是

A. 腋窝温度　　　　　　　　　　B. 口腔温度

C. 直肠温度　　　　　　　　　　D. 体表的平均温度

E. 机体深部的平均温度

23. 腋窝温度正常值为

A. 36.9~37.9℃　　　　　　　　 B. 36.7~37.7℃

C. 36.0~37.4℃　　　　　　　　 D. 35.1~36.9℃

E. 34.1~35.1℃

24. 关于体温的生理变动，错误的是

A. 下午体温高于上午，变化范围不超过 1℃

B. 女性体温略高于同龄男性，排卵日体温最高

C. 幼童体温略高于成年人

D. 体力劳动时，体温可暂时升高

E. 精神紧张时，可升高

25. 以下人体哪个部位温度最高

    A. 口腔温度　　　　　　　　　　　B. 直肠温度

    C. 腋下温度　　　　　　　　　　　D. 皮肤温度

    E. 体表温度

26. 下列哪项因素不影响体温的生理波动

    A. 昼夜节律　　　　　　　　　　　B. 性别差异

    C. 年龄差异　　　　　　　　　　　D. 情绪变化

    E. 身高体重差异

27. 运动时机体的主要产热器官是

    A. 肝脏　　　　　　　　　　　　　B. 骨骼肌

    C. 脑　　　　　　　　　　　　　　D. 心脏

    E. 肾脏

28. 安静时机体的主要产热器官是

    A. 肝脏　　　　B. 脑　　　　C. 心脏　　　　D. 皮肤　　　　E. 骨骼肌

29. 人体最主要的散热器官是

    A. 肺　　　　　B. 肾　　　　C. 消化道　　　D. 汗腺　　　　E. 皮肤

30. 关于汗液的叙述，错误的是

    A. 是高渗液体　　　　　　　　　　B. 固体成分含 $Na^+$、$K^+$、$Cl^-$ 和尿素

    C. 交感神经兴奋时分泌增加　　　　D. 大量出汗可导致高渗性脱水

    E. 阿托品可使汗液分泌减少

二、多项选择题

1. 在测定基础代谢率时，需要注意的事项有

    A. 清晨静卧　　　　　　　　　　　B. 无精神紧张

    C. 清晨睡眠　　　　　　　　　　　D. 测定前至少禁食 12h

    E. 室温保持在 20~25℃

2. 下列使能量代谢增加的因素有

    A. 运动　　　　　　　　　　　　　B. 进食

    C. 环境寒冷　　　　　　　　　　　D. 精神紧张

    E. 恐惧

3. 关于能量代谢率的叙述，下列哪些是正确的

    A. 体重相同的人其基础代谢率相同

    B. 基础状态下的能量代谢率并非最低

    C. 基础代谢率测定有助于诊断甲状腺疾病

D. 实测值同正常比较，相差在 ±10%~±15% 均属正常

E. 基础代谢率与体表面积之间具有比例关系

4. 影响皮肤温度的因素有

A. 环境温度变化　　　　　　　　B. 蒸发散热

C. 情绪激动　　　　　　　　　　D. 体温调节中枢兴奋

E. 交感神经兴奋

5. 与辐射散热直接有关的因素是

A. 风速　　　　　　　　　　　　B. 皮下脂肪

C. 体表面积　　　　　　　　　　D. 皮肤与环境温度差

E. 接触物导热性能

6. 汗液的特点有

A. 汗液是低渗的　　　　　　　　B. 不含蛋白质

C. 含有尿素　　　　　　　　　　D. 乳酸浓度高于血浆

E. 乳酸浓度低于血浆

7. 正常人体温的日节律

A. 清晨 2 时到 6 时体温最低　　B. 午后 1 时到 6 时最高

C. 波动幅度一般不超过 1℃　　　D. 受下丘脑控制

E. 睡眠时最低

一、单项选择题

1. 下面情况不属于排泄的是

    A. 结肠与直肠排出的食物残渣        B. 结肠与直肠排出的胆色素

    C. 肺呼出的 $CO_2$                        D. 皮肤分泌的汗液

    E. 肾脏排出的尿液

2. 与肾脏的排泄功能无关的是

    A. 排出代谢尾产物              B. 维持机体水和渗透压平衡

    C. 维持机体酸碱平衡           D. 维持机体电解质平衡

    E. 分泌促红细胞生成素

3. 肾的血液供应主要分布在

    A. 肾皮质      B. 外髓部      C. 肾盂         D. 内髓部        E. 肾盏

4. 完成尿生成的结构是

    A. 肾小体和肾小管              B. 肾小体、肾小管和集合管

    C. 肾单位、集合管和输尿管        D. 肾单位

    E. 近曲小管、远曲小管、集合管

5. 动脉血压波动于 80~180mmHg 时，肾血流量仍保持相对恒定，这是由于

    A. 肾脏的自身调节              B. 神经调节

    C. 体液调节                    D. 神经和体液共同调节

    E. 神经、体液和自身调节同时起作用

6. 肾小球滤过率是指

    A. 两侧肾脏每分钟生成的原尿量      B. 一侧肾脏每分钟生成的原尿量

    C. 两侧肾脏每分钟生成的尿量        D. 一侧肾脏每分钟生成的尿量

    E. 两侧肾脏每分钟生成的原尿量与肾血浆流量之比

7. 原尿的成分与血浆相比所不同的是

    A. 葡萄糖含量          B. $K^+$ 含量            C. 蛋白质含量

    D. $Na^+$ 含量          E. 尿素含量

8. 关于肾小球滤过膜的描述，错误的是

    A. 由毛细血管上皮细胞、基膜和肾小囊脏层上皮细胞三层组成

    B. 基膜对滤过膜的通透性起决定性作用

    C. 对分子大小有选择性

    D. 带负电荷分子更易通过

    E. 生理情况下，其滤过的面积保持相对稳定

9. 与肾小球滤过率无关的因素是

    A. 滤过膜的面积和通透性        B. 血浆晶体渗透压

    C. 血浆胶体渗透压            D. 肾小球毛细血管血压

    E. 肾血浆流量

10. 关于肾小球滤过作用的描述，错误的是

    A. 肾小球毛细血管血压是促进滤过的力量

    B. 血浆胶体渗透压是阻止滤过的力量

    C. 正常情况下肾小球毛细血管的全长均有滤过

    D. 肾小囊内压升高时滤过减少

    E. 血压在一定范围内波动时肾小球滤过率维持恒定

11. 下述哪种情况会导致肾小球滤过率降低

    A. 血浆胶体渗透压下降        B. 血浆胶体渗透压升高

    C. 血浆晶体渗透压下降        D. 血浆晶体渗透压升高

    E. 血浆蛋白质浓度降低

12. 肾脏在病理情况下，出现蛋白尿的原因是

    A. 血浆蛋白含量增多         B. 肾小球滤过率升高

    C. 滤过膜上的唾液蛋白减少    D. 肾小球毛细血管血压升高

    E. 肾小管对蛋白质重吸收减少

13 关于 $H^+$ 分泌的描述，错误的是

    A. 近球小管、远曲小管和集合管均可分泌

    B. 分泌过程与 $Na^+$ 的重吸收有关

    C. 有利于 $HCO_3^-$ 的重吸收

    D. 可阻断 $NH_4^+$ 的分泌

    E. 远曲小管和集合管 $H^+$ 分泌增多时 $K^+$ 分泌减少

14. 肾小球滤过的动力是

    A. 入球小动脉血压     B. 有效滤过压     C. 出球小动脉血压

    D. 肾动脉血压        E. 血浆胶体渗透压

15. 引起高血钾的可能原因是

    A. 碱中毒　　　　　　　　　　　　B. 酸中毒

    C. 醛固酮分泌增多　　　　　　　　D. 近球小管分泌 $H^+$ 减少

    E. 远曲小管和集合管分泌 $H^+$ 减少

16. 关于葡萄糖重吸收的叙述，错误的是

    A. 只有近球小管可以重吸收　　　　B. 与 $Na^+$ 的重吸收相耦联

    C. 是一种继发主动转运过程　　　　D. 近球小管重吸收葡萄糖能力有限

    E. 正常情况下，近球小管不能将肾小球滤出的糖全部重吸收

17. 糖尿病患者尿量增多的原因是

    A. 肾小球滤过率增加　　　　　　　B. 渗透性利尿

    C. 水利尿　　　　　　　　　　　　D. 抗利尿激素分泌减少

    E. 醛固酮分泌减少

18. 给家兔静脉注射 20% 葡萄糖 5ml，尿量增多的主要原因是

    A. 小管液溶质浓度增高　　　　　　B. 肾小球滤过率增加

    C. ADH 释放减少　　　　　　　　D. 肾小球有效滤过压增高

    E. 醛固酮释放减少

19. 正常人的肾糖阈为

    A. 80~100mg/100ml　　　　　　　B. 120~160mg/100ml

    C. 160~180mg/100ml　　　　　　　D. 180~200mg/100ml

    E. 80~200mg/100ml

20. 静脉注射甘露醇引起尿量增多是通过

    A. 增加肾小球滤过率　　　　　　　B. 增加小管液中溶质的浓度

    C. 减少抗利尿激素的释放　　　　　D. 减少醛固酮的释放

    E. 降低远曲小管和集合管对水的通透性

21. 尿液浓缩和稀释的过程主要发生于

    A. 近球小管　　　　　B. 髓袢降支　　　　　C. 髓袢升支

    D. 髓袢和远曲小管　　E. 远曲小管和集合管

22. 参与尿液浓缩和稀释调节的主要激素是

    A. 肾素　　　　　　　B. 血管紧张素　　　　C. 醛固酮

    D. 抗利尿激素　　　　E. 前列腺素

23. 下列引起 ADH 释放的有效刺激是

    A. 严重饥饿　　　　　　　　　　　B. 静脉注射 0.85% NaCl 溶液

    C. 静脉注射 5% 葡萄糖溶液　　　　D. 饮大量清水

E.大量出汗

24.尿崩症的发生与下列哪种激素降低有关

    A.肾上腺素                  B.肾素

    C.抗利尿激素             D.醛固酮

    E.前列腺素

25.$Na^+$的重吸收受醛固酮调节，影响的具体部位在

    A.近球小管                 B.髓袢降支

    C.髓袢升支                 D.远曲小管和集合管

    E.输尿管

26.下列能引起醛固酮分泌增多的情况是

    A.血$Na^+$降低、血$K^+$升高       B.血$Ca^{2+}$降低、血$Na^+$升高

    C.血$Ca^{2+}$升高、血$K^+$降低       D.血$Cl^-$升高、血$K^+$降低

    E.血中葡萄糖浓度升高

27.大量饮清水后，尿量增多主要是由于

    A.肾小球毛细血管血压升高       B.醛固酮分泌减少

    C.血浆胶体渗透压下降         D.血浆晶体渗透压下降

    E.肾小球滤过率增加

28.大量出汗尿量减少的主要原因是

    A.血浆晶体渗透压升高，引起 ADH 分泌增多

    B.血浆胶体渗透压升高，引起有效滤过压减小

    C.血容量减少导致肾小球滤过率下降

    D.血容量减少引起醛固酮分泌增多

    E.交感神经兴奋引起肾上腺素分泌增多

29.关于排尿反射的叙述，不正确的是

    A.感受器位于膀胱壁上         B.初级中枢位于脊髓骶段

    C.反射过程属负反馈           D.排尿反射受意识控制

    E.盆神经兴奋时促进排尿

30.高位截瘫患者排尿障碍表现为

    A.尿失禁    B.尿潴留    C.无尿    D.少尿    E.尿崩症

31.排尿反射的初级中枢位于

    A.脊髓胸腰段                B.下丘脑

    C.脊髓骶段                 D.延髓

    E.脊髓腰段

32. 排尿反射的高级中枢位于

    A. 脊髓胸腰段　　　　　　　　　　B. 大脑皮质

    C. 脊髓骶段　　　　　　　　　　　D. 延髓

    E. 脊髓腰段

33. 人体最主要的排泄器官是

    A. 消化道　　　　B. 皮肤　　　　C. 呼吸道　　　　D. 肾　　　　E. 肛门

34. 原尿的成分

    A. 比终尿多葡萄糖　　　　　　　　B. 比血浆少蛋白质

    C. 比终尿少葡萄糖　　　　　　　　D. 比血浆少葡萄糖

    E. 比血浆多蛋白质

35. 正常成年人每天的尿量是

    A. 1000~2000ml　　　　　　　　　B. 500~1000ml

    C. 2000~2500ml　　　　　　　　　D. 2500~3000ml

    E. 100~500ml

36. 少尿是指成年人每天的尿量

    A. 少于 800ml　　　　　　　　　　B. 少于 1000ml

    C. 少于 1500ml　　　　　　　　　　D. 少于 2000ml

    E. 介于 100~500ml

37. 多尿是指成年人每天的尿量

    A. 多于 800ml　　　　　　　　　　B. 多于 1000ml

    C. 多于 1500ml　　　　　　　　　　D. 多于 2000ml

    E. 2500ml 以上

38. 无尿是指成年人每天的尿量

    A. 少于 800ml　　　　　　　　　　B. 少于 1000ml

    C. 少于 100ml　　　　　　　　　　D. 少于 2000ml

    E. 少于 1500ml

39. 下列能使肾小球滤过率增加的是

    A. 大量出血　　　　　　　　　　　B. 剧烈运动

    C. 大量出汗　　　　　　　　　　　D. 肾血流量增加

    E. 大量呕吐

40. 破坏动物的视上核，将会出现

    A. 尿量增加，尿浓缩　　　　　　　B. 尿量不变，尿高度稀释

    C. 尿量减少，尿浓缩　　　　　　　D. 尿量减少，尿高度稀释

E.尿崩症

41.视上核主要产生哪种激素

    A.生长素                    B.催产素

    C.催乳素                    D.抗利尿激素

    E.促黑激素

42.肾维持机体水平衡，主要是通过下列哪些活动实现的

    A.肾小球滤过              B.近曲小管和髓袢重吸收水量

    C.肾小管滤过              D.远曲小管和集合管重吸收水量

    E.球管平衡

43.肾血流量能适应泌尿功能，主要靠

    A.神经调节                   B.体液调节

    C.自身调节                   D.神经 – 体液调节

    E.反馈调节

44.肾脏的基本功能单位是

    A.肾小球      B.肾小体      C.肾小管      D.集合管      E.肾单位

45.正常终尿中不应出现的成分是

    A.尿素      B.氯化钠      C.尿胆素      D.葡萄糖      E.水

46.肾小球滤过分数等于

    A.肾小球滤过率 / 肾血浆流量        B.肾血浆流量 / 肾血流量

    C.肾血浆流量 / 肾小球滤过率       D.肾血流量 / 肾血浆流量

    E.肾血浆流量 /GFR 的比值的百分数

47.正常成年人的肾小球滤过分数是

    A.20%      B.18%      C.19%      D.25%      E.15%

48.正常成年人的肾小球滤过率是

    A.120ml/min                B.125ml/min

    C.130ml/min                D.135ml/min

    E.140ml/min

49.近端肾小管重吸收的特点是

    A.重吸收物质种类极少          B.等渗性重吸收

    C.受 ADH 及醛固酮调节        D.重吸收量少

    E.高渗性重吸收

50.肾小管各段中，重吸收能力最强的部位是

    A.肾盏                      B.近球小管

C.集合管                                    D.髓襻

E.远球小管

51. 排尿反射是

A.自身调节                          B.负反馈调节

C.体液调节                          D.正反馈调节

E.前馈调节

52. 营养不良的老年人尿量增多的可能机制是

A.肾小球滤过率增加                  B.ADH 分泌减少

C.直小血管血流加快                  D.尿素生成量减少

E.血浆蛋白质减少

53. 腰骶部脊髓受损时，排尿功能障碍表现为

A.尿失禁        B.尿频        C.尿潴留        D.多尿        E.尿痛

54. 主要调节远端小管和集合管水重吸收的激素是

A.醛固酮                            B.肾上腺素

C.抗利尿激素                        D.血管紧张素 II

E.糖皮质激素

55. 下列情况中肾小球滤过率基本保持不变的是

A.血浆胶体渗透压降低                B.滤过膜有效面积减小

C.动脉血压在 80~180mmHg 变动       D.肾小囊内压升高

E.肾小球滤过膜的通透性不变

56. 促使远曲小管和集合管重吸收 Na$^+$ 和分泌 K$^+$ 的激素是

A.抗利尿激素                        B.醛固酮

C.血管舒张素                        D.心房钠尿肽

E.肾素

57. 促使 ADH 分泌增多的最敏感的刺激因素是

A.血浆晶体渗透压升高                B.动脉血压升高

C.血浆胶体渗透压升高                D.循环血量减少

E.容量感受器受到刺激

58. 下列中可能引起代谢性酸中毒的是

A.高钾血症                          B.高钠血症

C.低钾血症                          D.低钠血症

E.高钙血症

59. 平均动脉压在一定范围内波动时，肾血管可相应地收缩或舒张，属于

    A. 神经调节                             B. 体液调节

    C. 自身调节                             D. 负反馈调节

    E. 正反馈调节

60. 在酸中毒时，远曲小管将发生

    A. $K^+$–$Na^+$ 交换增多              B. $H^+$–$Na^+$ 交换增多

    C. $K^+$–$Na^+$ 交换不变              D. $H^+$–$Na^+$ 交换不变

    E. $H^+$–$K^+$ 交换增多

二、多项选择题

1. 尿生成的基本过程包括

    A. 肾小球的滤过                      B. 肾小管和集合管的重吸收

    C. 肾小管和集合管的分泌与排泄     D. 集合管的浓缩和稀释

    E. 经输尿管输送到膀胱贮存

2. 关于皮质肾单位的描述，正确的是

    A. 主要分布在内皮质层               B. 入球小动脉的口径比出球小动脉粗

    C. 肾小球体积小，髓袢短          D. 含有分泌颗粒，能分泌肾素

    E. 在原尿生成过程中起重要作用

3. 关于球旁细胞的描述，正确的是

    A. 位于入球小动脉中膜内的肌上皮细胞    B. 属于内分泌细胞，可释放肾素

    C. 可接受致密斑的信息              D. 受交感神经支配

    E. 在醛固酮分泌的调节中起重要作用

4. 肾脏血液供应的特点是

    A. 血流量大，主要供应肾皮质       B. 经过两次毛细血管网

    C. 肾小球毛细血管内血压高         D. 肾小管周围的毛细血管内血压低

    E. 肾血流有自身调节

5. 原尿就是血浆的超滤液，这是因为

    A. 原尿量与血浆量相近               B. 原尿中蛋白质量极少

    C. 原尿中晶体物质与血浆相同       D. 原尿中的渗透压与血浆相同

    E. 原尿中的酸碱度与血浆相同

6. 下列哪些物质可以通过肾小球滤过膜

    A. 水          B. 电解质          C. 蛋白质          D. 葡萄糖          E. 脂肪酸

7. 正常尿液中不应该出现哪些物质

    A. NaCl          B. 红细胞          C. 葡萄糖          D. 蛋白质          E. 尿素

8. 肾小球的有效滤过压取决于

　　A. 肾小球毛细血管血压　　　　　　　B. 血浆晶体渗透压

　　C. 肾小囊内压　　　　　　　　　　　D. 血浆胶体渗透压

　　E. 全身动脉血压

9. 下述哪种情况肾小球滤过率将升高

　　A. 血压升至 140mmHg（18.6kPa）时　　B. 血压降至 80mmHg（10.6kPa）以下时

　　C. 血压升至 200mmHg（26.5kPa）时　　D. 入球小动脉舒张时

　　E. 肾血流量减少时

10. 下列能使肾小球滤过率增加的是

　　A. 大失血　　　　　　　　　　　　　B. 剧烈运动

　　C. 大量出汗　　　　　　　　　　　　D. 肾血流量增加

　　E. 快速注射生理盐水

11. 下列哪些因素可使肾小球滤过率降低

　　A. 肾小球的有效滤过面积减少　　　　B. 动脉血压升高到 150mmHg

　　C. 血浆胶体渗透压升高　　　　　　　D. 尿路阻塞

　　E. 尿失禁

12. 肾小管可主动重吸收

　　A. 尿素和 $H^+$　　　　　　　　　　　B. 葡萄糖和氨基酸

　　C. $Na^+$　　　　　　　　　　　　　　D. $K^+$

　　E. 水

13. 可主动重吸收 $Na^+$ 的部位是

　　A. 近端小管　　　　　　　　　　　　B. 髓袢降支细段

　　C. 髓袢升支细段　　　　　　　　　　D. 髓袢升支粗段

　　E. 远曲小管和集合管

14. 使用碳酸酐酶抑制剂后，患者可能出现

　　A. 尿量增多　　　　　　　　　　　　B. 血液中碳酸氢盐减少

　　C. 尿中排出的 $H^+$ 减少　　　　　　　D. 尿中排出的 $K^+$ 减少

　　E. 尿中碳酸氢盐增多

15. 关于 $K^+$ 的分泌，下列叙述正确的是

　　A. 尿中 $K^+$ 主要来源于肾小球滤过而未被重吸收的多余的 $K^+$

　　B. 远曲小管和集合管能主动分泌 $K^+$

　　C. 只有 $Na^+$ 的主动重吸收才会有 $K^+$ 的分泌

　　D. 静脉注射 $Na_2SO_4$ 能促进 $K^+$ 的分泌

E. 血浆 $K^+$ 浓度升高时，肾小管 $K^+$ 的分泌量增多

16. 肾小管分泌 $H^+$ 的意义是

    A. 有利于 $NH_3$ 的分泌

    B. 有利于 $HCO_3^-$ 的重吸收

    C. 有利于 $Na^+$ 的重吸收

    D. 有利于 $K^+$ 的分泌

    E. 有利于维持酸碱平衡

17. 集合管

    A. 能主动重吸收水分子

    B. 可吸收肾小球滤过的 2/3 的水分

    C. 对水的吸收受 ADH 的调节

    D. 对 $Na^+$ 的重吸收受醛固酮的调节

    E. 对 $K^+$ 的分泌受醛固酮的调节

18. 关于肾髓质渗透梯度的叙述，下列哪项是正确的

    A. 越靠近内髓部渗透压越高

    B. 髓袢底部，小管内外均为高渗

    C. 髓袢越长，肾髓质渗透压梯度越明显

    D. 肾皮质越厚，肾髓质渗透压梯度越明显

    E. 如果直小血管的降支直接离开肾髓质，髓质渗透梯度将不能维持

19. 影响和调节肾小管、集合管水重吸收的因素是

    A. 肾小管、集合管内外两侧渗透压差

    B. 肾小球滤过膜的通透性

    C. 近曲小管对水分的通透性

    D. 远曲小管、集合管对水分的通透性

    E. 髓袢升支对水分的通透性

20. 尿液浓缩与稀释取决于

    A. 肾小球滤过率

    B. ADH 释放量

    C. 肾血浆流量

    D. 血浆胶体渗透压

    E. 肾髓质渗透压

21. 影响尿液浓缩的因素有

    A. 下丘脑垂体束病变

    B. 直小血管血流过快

    C. 长期摄入蛋白质过少

    D. 直小血管血流过慢

    E. 升支粗段吸收 NaCl 受抑制

22. 下列哪种情况下可以引起渗透性利尿

    A. 大量快速注射生理盐水

    B. 静脉注射甘露醇

    C. 肾血流量显著升高

    D. 血糖浓度升高到 220mg/100ml

    E. 呕吐

23. 糖尿病患者尿量增多是由于

    A. 血糖浓度过高，超过肾糖阈　　　　B. 血浆晶体渗透压升高

    C. 肾小管液晶体渗透压升高　　　　　D. 肾小管对水的通透性增大

    E. 肾小管液胶体渗透压升高

24. 支配肾脏的神经对尿生成作用的主要影响是

    A. 肾小管对氨基酸的重吸收　　　　　B. 肾小管对酸的排泄

    C. 肾小管对葡萄糖的重吸收　　　　　D. 肾脏的血压和血流

    E. $Na^+$、$Cl^-$、水的重吸收

25. 交感神经兴奋可引起

    A. 入球和出球小动脉收缩　　　　　　B. 肾素分泌增加

    C. 肾小球毛细血管收缩　　　　　　　D. 肾小球滤过率降低

    E. 近端小管和髓祥重吸收 $Na^+$ 增多

26. 在动物实验中，使尿量增加的因素是

    A. 静脉注射 1:10 000 去甲肾上腺素 0.5ml

    B. 刺激迷走神经使血压降至 60mmHg

    C. 快速注射温生理盐水 20ml

    D. 静脉注射垂体后叶素 2U

    E. 静脉注射 20% 葡萄糖溶液 5ml

27. 血管升压素的作用有

    A. 减少肾髓质血流量　　　　　　　　B. 收缩血管

    C. 增强集合管对尿素的通透性　　　　D. 促进升支粗段重吸收 NaCl

    E. 提高远曲小管和集合管对水的通透性

28. 脱水时尿量减少的原因是

    A. 血浆晶体渗透压升高　　　　　　　B. 血管升压素分泌增多

    C. 肾小管中溶质浓度增加　　　　　　D. 肾血流量减少

    E. 容量感受器受刺激减弱

29. 引起肾素释放的因素是

    A. 循环血量减少　　　　　　　　　　B. 交感神经兴奋

    C. 动脉血压降低　　　　　　　　　　D. 肾小球滤过的 $Na^+$ 减少

    E. 肾小球滤过的 $K^+$ 减少

一、单项选择题

1. 对感受器一般生理特征的描述，下列说法错误的是

　　A. 有换能作用　　　　　　　　　　　B. 对适宜刺激敏感

　　C. 有适应现象　　　　　　　　　　　D. 能对刺激进行编码

　　E. 对非适宜刺激无反应

2. 视近物时，使成像落在视网膜上的主要调节活动是

　　A. 角膜折射增强　　　　　　　　　　B. 晶状体调节

　　C. 瞳孔近反射　　　　　　　　　　　D. 视轴会聚

　　E. 瞳孔对光反射

3. 关于视觉的生理现象不包括

　　A. 眼压　　　　B. 视力　　　　C. 视野　　　　D. 暗适应　　　　E. 明适应

4. 当注视物由远移近时，眼的调节反应为

　　A. 晶状体凸度增大，瞳孔散大，两眼会聚

　　B. 晶状体凸度增大，瞳孔缩小，视轴会聚

　　C. 晶状体凸度减小，瞳孔散大，两眼会聚

　　D. 晶状体凸度增大，瞳孔缩小，视轴散开

　　E. 晶状体凸度减小，瞳孔缩小，视轴会聚

5. 下列对于近点的叙述，不正确的是

　　A. 儿童近点小于成年人　　　　　　　B. 老视眼的近点较正常人大

　　C. 远视眼的近点较正常人大　　　　　D. 近点越小表明眼的调节能力越差

　　E. 眼能看清物体的最近距离为近点

6. 下列关于近视眼的叙述，错误的是

　　A. 成像于视网膜之前

　　B. 需佩戴凹透镜矫正

　　C. 多数是由于眼球前后径过长所导致的

　　D. 近点较正常人远

E. 眼的折光力过强也可产生

7. 下列关于咽鼓管的叙述，错误的是
    A. 是连接鼓室和鼻咽部的通道        B. 其鼻咽部开口常处于闭合状态
    C. 在吞咽或打哈欠时可开放        D. 因炎症阻塞后可引起鼓膜内陷
    E. 其主要功能是调节鼓室的容积

8. 瞳孔对光反射中枢位于
    A. 延髓        B. 外侧膝状体
    C. 枕叶皮层        D. 内侧膝状体
    E. 中脑

9. 下列对视锥细胞的叙述，正确的是
    A. 与颜色视觉形成无关        B. 对光的敏感度低
    C. 中央凹分布稀疏        D. 视网膜周边部，视锥细胞多
    E. 视网膜中央部，视锥细胞较少

10. 视黄醛是由下列哪种物质转变而来的
    A. 维生素 E        B. 维生素 K
    C. 维生素 A        D. 维生素 $D_1$
    E. 维生素 $D_3$

11. 下列关于视杆细胞的叙述，错误的是
    A. 其感光色素为视紫红质        B. 无颜色感觉
    C. 光敏度高        D. 分辨力高
    E. 主要分布在视网膜的周边部分

12. 夜盲症发生的原因是
    A. 视蛋白合成障碍        B. 维生素 A 过多
    C. 视紫红质过多        D. 视紫红质不足
    E. 视黄醛过多

13. 颜色视野范围最大的是
    A. 红色        B. 绿色        C. 白色
    D. 黄色        E. 蓝色

14. 老视发生的主要原因是
    A. 角膜曲率改变        B. 角膜透明度改变
    C. 晶状体弹性减弱        D. 晶状体透明度改变
    E. 房水循环障碍

15. 眼的折光系统中不包括

　　A. 角膜　　　　　　　　B. 房水　　　　　　　　C. 晶状体

　　D. 玻璃体　　　　　　　E. 视网膜

16. 刺激前庭器官所引起的机体反应，不包括

　　A. 眼震颤　　　　　　　　　　　　B. 颈部和四肢肌紧张改变

　　C. 旋转感觉　　　　　　　　　　　D. 静止性震颤

　　E. 心率加快，眩晕，呕吐

17. 当用光照射正常人的左眼时

　　A. 左眼瞳孔缩小，右眼瞳孔不变　　　B. 右眼瞳孔缩小，左眼瞳孔不变

　　C. 左眼瞳孔缩小，右眼瞳孔扩大　　　D. 两眼瞳孔不变

　　E. 两眼瞳孔均缩小

18. 视杆细胞的感光色素是

　　A. 视蛋白　　　　　　　　　　B. 视黄醇

　　C. 视紫红质　　　　　　　　　D. 视紫蓝质

　　E. 视色素

19. 视力的好坏用下面哪个指标来衡量

　　A. 视角大小　　B. 视野　　　C. 明适应　　　D. 暗适应　　　E. 近点

20. 飞机上升和下降时，乘务员嘱乘客做吞咽动作，其意义在于

　　A. 调节基底膜两侧的压力平衡

　　B. 调节前庭膜两侧的压力平衡

　　C. 调节前庭窗膜内外压平衡

　　D. 调节鼓室与大气之间的压力平衡

　　E. 调节中耳与内耳之间的压力平衡

21. 特殊感觉器官中不包括

　　A. 肌梭　　　B. 嗅上皮　　　C. 视网膜　　　D. 前庭　　　E. 耳蜗

22. 在同一光照条件下，视野最小的是

　　A. 红色　　　B. 蓝色　　　C. 绿色　　　D. 白色　　　E. 黄色

23. 关于远视眼的叙述，错误的是

　　A. 成像于视网膜之后　　　　　　　B. 需佩戴凸透镜矫正

　　C. 多数是由于眼球前后径过短造成的　　D. 近点较正常人近

　　E. 眼的折光力过弱也可产生

24. 因眼球前后径过长而导致眼的折光能力异常，称为

　　A. 正视眼　　B. 近视眼　　C. 远视眼　　　D. 老视眼　　　E. 散光眼

25. 因眼球前后径过短而导致眼的折光能力异常，称为

    A. 正视眼          B. 近视眼          C. 远视眼          D. 老视眼          E. 散光眼

26. 因角膜表面各方向曲率不等导致眼的折光能力异常，称为

    A. 正视眼          B. 近视眼          C. 远视眼          D. 老视眼          E. 散光眼

27. 随年龄增长眼睛晶状体弹性减弱，近点远移，称为

    A. 正视眼          B. 近视眼          C. 远视眼          D. 老视眼          E. 散光眼

28. 眼的折光系统包括

    A. 角膜、房水、晶状体和视网膜

    B. 角膜、房水、晶状体和玻璃体

    C. 房水、晶状体、玻璃体和视网膜

    D. 角膜、房水、玻璃体和视网膜

    E. 角膜、瞳孔、房水和晶状体

29. 眼的折光异常不包括

    A. 青光眼          B. 近视眼          C. 远视眼          D. 老视眼          E. 散光眼

30. 视杆系统的特点是

    A. 对光敏感性高，有色觉，分辨能力弱

    B. 对光敏感性高，无色觉，分辨能力弱

    C. 对光敏感性低，有色觉，分辨能力强

    D. 对光敏感性低，无色觉，分辨能力弱

    E. 对光敏感性高，无色觉，分辨能力强

31. 视锥系统的特点是

    A. 对光敏感性高，有色觉，分辨能力弱

    B. 对光敏感性高，无色觉，分辨能力弱

    C. 对光敏感性低，有色觉，分辨能力强

    D. 对光敏感性低，无色觉，分辨能力弱

    E. 对光敏感性高，无色觉，分辨能力强

32. 视锥系统

    A. 在弱光下被激活，有色觉，分辨能力强

    B. 在强光下被激活，无色觉，分辨能力强

    C. 在强光下被激活，有色觉，分辨能力强

    D. 在强光下被激活，无色觉，分辨能力弱

    E. 在弱光下被激活，有色觉，分辨能力弱

33. 瞳孔近反射和瞳孔对光反射中枢的共同部位是

    A. 延髓        B. 脑桥        C. 下丘脑        D. 大脑皮质        E. 中脑

34. 瞳孔近反射中枢是

    A. 延髓        B. 脑桥        C. 下丘脑        D. 大脑皮质        E. 中脑

35. 与视杆细胞相比，视锥细胞功能的最重要特点是

    A. 能合成感光因素                B. 能产生感受器电位

    C. 含有 11- 顺视黄醛            D. 具有辨别颜色的能力

    E. 对光刺激敏感

36. 视锥细胞功能的最重要特点是

    A. 光感强                     B. 分辨能力弱

    C. 含有视黄醛                 D. 具有辨别颜色的能力

    E. 含有视蛋白

37. 当刺激感受器时，刺激虽仍持续，但传入纤维上的冲动频率却已开始下降。这种现象称为感受器的

    A. 疲劳        B. 抑制        C. 适应        D. 阻滞        E. 衰减

38. 前庭器官是指

    A. 球囊斑                     B. 椭圆囊斑

    C. 蜗管                       D. 半规管和壶腹

    E. 半规管、椭圆囊和球囊

39. 视网膜上的感光细胞为

    A. 色素上皮细胞             B. 视锥和视杆细胞

    C. 双极细                   D. 神经节细胞

    E. 无长突细胞

40. 瞳孔在弱光下散大，而在强光下缩小，称为

    A. 明适应                    B. 暗适应

    C. 瞳孔对光反射             D. 瞳孔调节反射

    E. 互感性对光反射

41. 近视发生的原因是

    A. 眼球前后径过长或折光系统折光能力过弱

    B. 眼球前后径过短或折光系统折光能力过弱

    C. 眼球前后径过长或折光系统折光能力过强

    D. 眼球前后径过短或折光系统折光能力过强

    E. 眼球前后径正常而视网膜感光细胞直径变大

42. 散光产生的主要原因是

    A. 折光能力过弱               B. 眼球前后径过短

    C. 角膜表面各方向曲率不等      D. 折光能力过强

    E. 晶状体变混浊

43. 远视发生的原因是

    A. 眼轴过长或折光系统折光能力过弱

    B. 眼轴过长或折光系统折光能力过强

    C. 眼轴过短或折光系统折光能力过弱

    D. 眼轴过短或折光系统折光能力过强

    E. 眼轴正常而视网膜感光细胞直径变小

44. 临床上较为多见的色盲是

    A. 红色盲                    B. 绿色盲

    C. 红色盲和绿色盲           D. 黄色盲和蓝色盲

    E. 黄色盲

45. 下列有关色盲的叙述，正确的是

    A. 全色盲较多，呈单色视觉

    B. 部分色盲相对少见，为缺乏对某种颜色的辨别能力

    C. 部分色盲中最多见的是蓝色盲

    D. 部分色盲中最少见的是红色盲和绿色盲

    E. 色盲绝大多数由遗传因素引起

46. 人眼近点的远近主要取决于

    A. 空气 – 角膜界面           B. 晶状体弹性

    C. 角膜曲度                 D. 瞳孔直径

    E. 眼球前后径

47. 使平行光线聚集于视网膜前方的眼称为

    A. 远视眼      B. 散光眼      C. 近视眼      D. 正视眼      E. 老花眼

48. 使平行光线聚集于视网膜后方的眼称为

    A. 远视眼      B. 散光眼      C. 近视眼      D. 正视眼      E. 老花眼

49. 老视的产生原因是

    A. 眼球变形使前后径变短       B. 角膜各方向曲度变大

    C. 晶状体变混浊            D. 晶状体弹性减退

    E. 玻璃体变形使折光力减弱

50. 纠正散光通常用

    A. 棱镜        B. 墨镜        C. 凹透镜        D. 柱面镜        E. 凸透镜

51. 纠正近视眼通常用

    A. 棱镜        B. 墨镜        C. 凹透镜        D. 柱面镜        E. 凸透镜

52. 纠正远视眼通常用

    A. 棱镜        B. 墨镜        C. 凹透镜        D. 柱面镜        E. 凸透镜

53. 纠正老视眼通常用

    A. 棱镜        B. 墨镜        C. 凹透镜        D. 柱面镜        E. 凸透镜

54. 视近物不需眼调节或只做较小程度调节的是

    A. 近视        B. 老视        C. 远视        D. 规则散光        E. 不规则散光

55. 视远物不需眼调节，而视近物需眼调节的是

    A. 近视        B. 老视        C. 远视        D. 规则散光        E. 不规则散光

56. 视远物和近物均需眼调节的是

    A. 近视        B. 老视        C. 远视        D. 规则散光        E. 不规则散光

57. 夜盲症发生最常见的原因是

    A. 视紫红质过多                B. 视紫红质分解增强，合成减弱

    C. 11- 顺视黄醛过多           D. 视蛋白合成障碍

    E. 长期维生素 A 摄入不足

58. 声音传向内耳的主要途径是

    A. 颅骨→耳蜗内淋巴

    B. 外耳道→鼓膜→听骨链→内耳

    C. 外耳道→鼓膜→听骨链→前庭窗→内耳

    D. 外耳道→鼓膜→鼓室空气→前庭窗→内耳

    E. 外耳道→鼓膜→咽鼓管→听骨链→前庭窗→内耳

59. 耳是

    A. 听觉器官                B. 平衡觉器官

    C. 听觉和位置觉器官          D. 听觉、位置觉和平衡觉器官

    E. 位置觉器官

60. 感音性耳聋的病变部位在

    A. 外耳道        B. 咽鼓管        C. 鼓膜        D. 听骨链        E. 耳蜗

二、多项选择题

1. 可以表示眼调节能力的指标是

    A. 近点                B. 瞳孔的大小

C. 远点　　　　　　　　　　　D. 焦距

E. 折射率的不同

2. 老花眼的特点有

A. 近点远移　　　　　　　　　B. 视远物时不需调节

C. 视近物不清　　　　　　　　D. 折光体的折光力正常

E. 视近物时需佩戴凸透镜

3. 视锥细胞的特点是

A. 含有三种不同的视锥色素　　B. 与夜盲症的发生有关

C. 主要分布于视网膜周边部　　D. 主要感受强光刺激

E. 对光的敏感度高

4. 视杆细胞的特点是

A. 分辨能力强　　　　　　　　B. 能感受色觉

C. 光敏感度高　　　　　　　　D. 分布于视网膜周边部

E. 含有一种视锥色素

一、单项选题型

1. 神经细胞兴奋阈值最低，最易产生动作电位的部位是

    A. 胞体        B. 树突        C. 轴丘        D. 轴突末梢     E. 突触后膜

2. 关于神经胶质细胞的特征，下列叙述中哪项是错误的

    A. 具有许多突起                B. 具有转运代谢物质的作用

    C. 没有细胞分裂能力           D. 没有轴突

    E. 具有支持作用

3. 以下不属于神经纤维传导特征的是

    A. 生理完整性         B. 绝缘性         C. 相对不疲劳性

    D. 双向传导         E. 单向传导

4. 胆碱酯酶的作用是

    A. 促进乙酰胆碱水解           B. 与乙酰胆碱争夺 M 受体

    C. 抑制胆碱酯酶活性           D. 与乙酰胆碱争夺 N 受体

    E. 使胆碱酯酶再激活

5. 突触传递的特点是

    A. 全或无        B. 不易疲劳        C. 突触延搁

    D. 不能总和        E. 双向传递

6. 决定反射时间长短的主要因素是

    A. 刺激的性质        B. 刺激的强度        C. 感受器的敏感度

    D. 神经的传导速度      E. 反射中枢突触的数量

7. 反射弧中最易出现疲劳的部位是

    A. 感受器        B. 传入神经元        C. 反射中枢中的突触

    D. 传出神经元        E. 效应器

8. 关于细胞间兴奋的化学传递的特点，下列叙述错误的是

    A. 主要通过化学递质           B. 不需要 $Ca^{2+}$ 参与

    C. 兴奋呈单向传递           D. 有中枢延搁

E. 受药物及其他因素的影响

9. 交感神经节后纤维释放的递质是

    A. 去甲肾上腺素　　　　　　　　　　B. 乙酰胆碱

    C. 5- 羟色胺　　　　　　　　　　　　D. 去甲肾上腺素或乙酰胆碱

    E. 多巴胺

10. 副交感神经节后纤维的递质是

    A. 乙酰胆碱　　　　　　B. 去甲肾上腺素　　　　C. 5- 羟色胺

    D. 多巴胺　　　　　　　E. 氨基酸类

11. 中枢递质中主要由黑质释放的是

    A. 乙酰胆碱　　　　　　B. 甘氨酸　　　　　　　C. 去甲肾上腺素

    D. 多巴胺　　　　　　　E. 5- 羟色胺

12. 阿托品的作用机制是

    A. N 受体阻断剂　　　　B. M 受体阻断剂　　　　C. N 受体激动剂

    D. M 受体激动剂　　　　E. 胆碱酯酶抑制剂

13. M 受体的阻断剂是

    A. 阿托品　　　　　　　B. 六烃季铵　　　　　　C. 酚妥拉明

    D. 十烃季铵　　　　　　E. 普萘洛尔

14. 箭毒作为肌松剂的作用机制是

    A. 促进乙酰胆碱水解　　　　　　　　B. 与乙酰胆碱争夺 M 受体

    C. 抑制胆碱酯酶活性　　　　　　　　D. 与乙酰胆碱争夺 N 受体

    E. 使胆碱酯酶再激活

15. 反馈的结构基础为

    A. 单线式联系　　　　　B. 辐散式联系　　　　　C. 环状联系

    D. 聚合式联系　　　　　E. 链锁式联系

16. 下列哪种感觉不属于皮肤感觉

    A. 触觉　　　　B. 痛觉　　　　C. 位置觉　　　　D. 冷觉　　　　E. 温觉

17. 不经过特异性投射系统的感觉传入是

    A. 视觉　　　　B. 听觉　　　　C. 嗅觉　　　　D. 味觉　　　　E. 本体感觉

18. 以下哪一项不是异相睡眠的特征

    A. 唤醒阈提高　　　　　　　　　　　B. 生长激素分泌明显增多

    C. 脑电波呈去同步化波　　　　　　　D. 眼球出现快速运动

    E. 促进精力的恢复

19. 特异性投射系统的主要功能是

    A. 引起特定感觉并激发大脑皮质发出神经冲动

    B. 维持和改变大脑皮质的兴奋状态

    C. 协调肌紧张

    D. 调节内脏功能

    E. 维持觉醒

20. 非特异性投射系统的主要功能是

    A. 引起特定感觉并激发大脑皮质发出神经冲动

    B. 维持和改变大脑皮质的兴奋状态

    C. 协调肌紧张

    D. 调节随意运动

    E. 调节内脏功能

21. 对脑干网状上行激动系统不正确的叙述是

    A. 维持和改变大脑皮质的兴奋状态    B. 受到破坏时，机体处于昏睡状态

    C. 是一个多突触接替的上行系统    D. 不易受药物的影响

    E. 通过非特异性投射系统发挥作用

22. 躯体感觉的大脑皮质投射区主要分布在

    A. 中央前回              B. 中央后回

    C. 岛叶皮质             D. 颞叶皮质

    E. 边缘系统皮质

23. 左侧大脑皮质中央后回受损，引起躯体感觉障碍的部位是

    A. 左半身               B. 右半身

    C. 左下肢               D. 右下肢

    E. 右侧头面部

24. 本体感觉代表区主要位于

    A. 颞叶皮层             B. 中央前回

    C. 岛叶皮层             D. 中央后回

    E. 枕叶皮层

25. 听觉代表区主要位于皮层的

    A. 颞叶      B. 中央前回     C. 岛叶     D. 中央后回     E. 枕叶

26. 视觉代表区主要位于皮层的

    A. 颞叶      B. 中央前回     C. 岛叶     D. 中央后回     E. 枕叶

27. 内脏痛的特点是

    A. 刺痛

    B. 定位不精确

    C. 必有牵涉痛

    D. 牵涉痛的部位是内脏在体表的投影部位

    E. 对电刺激敏感

28. 内脏痛不具有的特征是

    A. 主要由自主神经而非躯体神经传入中枢    B. 对灼烧、切割等刺激敏感

    C. 性质为"钝痛"    D. 由致痛物质作用于痛感受器引起

    E. 对缺血敏感

29. 下列刺激中哪项不易引起内脏痛

    A. 切割    B. 牵拉    C. 缺血    D. 痉挛    E. 炎症

30. 对皮肤痛与内脏痛比较的叙述，错误的是

    A. 皮肤痛有快痛、慢痛之分，内脏痛没有

    B. 皮肤发生快，而内脏痛发生慢

    C. 皮肤痛产生后消失快，而内脏痛消失缓慢

    D. 皮肤痛定位明确，而内脏痛定位不明确

    E. 切割、烧灼等刺激对皮肤痛和内脏痛都敏感

31. 牵涉痛是指

    A. 内脏痛引起体表特定部位的疼痛或痛觉过敏

    B. 伤害性刺激作用于皮肤痛觉感受器

    C. 伤害性刺激作用于内脏痛觉感受器

    D. 肌肉和肌腱受牵拉时所产生的痛觉

    E. 内脏及腹膜受牵拉时产生的感觉

32. 脊休克时，脊髓反射消失的原因是

    A. 离断的脊髓突然失去了高位中枢的调节

    B. 脊髓中的反射中枢被破坏

    C. 切断损伤的刺激对脊髓的抑制作用

    D. 缺血导致脊髓功能减退

    E. 失去了脑干网状结构易化区的始动作用

33. 脊髓突然横断后，断面以下的脊髓所支配的骨骼肌紧张性

    A. 暂时性增强    B. 不变

    C. 暂时性减弱甚至消失    D. 永久性消失

E. 永久增强

34. 下列有关脊休克的论述错误的是

    A. 与高位中枢离断的脊髓暂时进入无反应的状态

    B. 脊髓反射逐步恢复

    C. 反射恢复后屈肌反射增强

    D. 反射恢复后发汗反射减弱

    E. 反射恢复后伸肌反射减弱

35. 脊髓前角 γ 运动神经元的作用是

    A. 使梭外肌收缩                B. 维持肌紧张

    C. 使腱器官兴奋                D. 负反馈抑制牵张反射

    E. 调节肌梭对牵拉刺激的敏感性

36. 当 γ 运动神经元的传出冲动增加时，可使

    A. 肌梭传入冲动减少            B. α 运动神经元传出冲动减少

    C. 牵张反射增强                D. 梭外肌舒张

    E. 牵张反射减弱

37. 屈肌反射的生理意义是

    A. 维持骨骼肌长度            B. 防御意义

    C. 维持骨骼肌的力量           D. 维持姿势

    E. 维持平衡

38. 牵张反射的基本中枢位于

    A. 脊髓        B. 延髓        C. 脑桥        D. 中脑        E. 下丘脑

39. 下列关于牵张反射的叙述哪项是错误的

    A. 骨骼肌受到外力牵拉时能反射性地引起受牵拉的同一肌肉的收缩

    B. 牵张反射是维持姿势的基本反射

    C. 牵张反射在抗重力肌表现得最为明显

    D. 牵张反射的感受器是肌梭

    E. 在脊髓与高位中枢离断后，牵张反射即永远消失

40. 快速叩击肌腱时，刺激哪一种感受器引起牵张反射

    A. 腱器官                    B. 肌梭

    C. 游离神经末梢              D. 皮肤触觉感受器

    E. 以上都不对

41. 腱反射的感受器是

    A. 肌腱       B. 腱器官       C. 梭外肌       D. 肌梭       E. 梭内肌

42. 维持躯体姿势的最基本的反射是

    A. 屈肌反射                      B. 肌紧张

    C. 对侧伸肌反射             D. 翻正反射

    E. 腱反射

43. 当一伸肌被过度牵拉时张力会突然降低，其原因是

    A. 疲劳                         B. 反馈

    C. 回返性抑制                D. 腱器官兴奋

    E. 肌梭敏感性降低

44. 人的基本生命中枢位于

    A. 延髓      B. 脑桥      C. 下丘脑      D. 丘脑      E. 大脑皮质

45. 抑制肌紧张的中枢部位是

    A. 大脑皮质运动区          B. 小脑前叶两侧部

    C. 前庭核                 D. 中脑中央灰质

    E. 延髓网状结构易化区

46. 在中脑上、下叠体之间切断脑干的动物将出现

    A. 肢体麻痹               B. 去大脑僵直

    C. 脊休克                 D. 腱反射加强

    E. 动作不精确

47. 在中脑上、下丘之间切断脑干的动物将出现

    A. 骨骼肌明显松弛          B. 四肢痉挛性麻痹

    C. $\alpha$ 僵直现象            D. $\gamma$ 僵直现象

    E. 去皮质僵直现象

48. 人出现去大脑僵直时，意味着病损发生在

    A. 脊髓      B. 延髓      C. 脑干      D. 小脑      E. 大脑皮质

49. 当中脑患病时，可出现

    A. 震颤麻痹               B. 去大脑僵直

    C. 位置性眼震颤           D. 锥体束综合征

    E. 小脑共济失调

50. 某老年患者，全身肌紧张增高、随意运动减少、动作缓慢、面部表情呆板。临床诊断为震颤麻痹。其病变主要位于

    A. 黑质      B. 红核      C. 小脑      D. 纹状体      E. 苍白球

51. 震颤麻痹的主要症状有

    A. 感觉迟钝               B. 肌张力降低

C. 运动共济失调             D. 静止性震颤

E. 意向性震颤

52. 舞蹈病是由于

A. 黑质受损                  B. 纹状体病变

C. 小脑半球受损          D. 精神分裂症

E. 跳舞引起的损伤

53. 下列哪项不属于小脑的功能

A. 调节内脏活动          B. 维持身体平衡

C. 维持姿势                D. 协调随意运动

E. 调节肌紧张

54. 意向性震颤是由于

A. 黑质病变                B. 上运动神经元受损

C. 纹状体受损            D. 下运动神经元受损

E. 小脑后叶受损

55. 大脑皮质运动区的部位是

A. 中央前回        B. 中央后回          C. 额叶

D. 枕叶            E. 颞叶

56. 躯体运动的大脑皮质代表区主要分布于

A. 中央前回        B. 中央后回          C. 枕叶

D. 皮层边缘叶       E. 颞叶

57. 交感神经系统功能活动的意义在于

A. 休整、恢复       B. 保存能量          C. 促进消化

D. 加强排泄         E. 应付环境的急骤变化

58. 交感神经兴奋时可引起

A. 瞳孔缩小             B. 逼尿肌收缩

C. 消化道括约肌舒张     D. 汗腺分泌

E. 支气管平滑肌收缩

59. 副交感神经兴奋时可引起

A. 心率加快             B. 支气管平滑肌收缩

C. 瞳孔扩大             D. 胃肠运动及分泌减弱

E. 逼尿肌舒张和括约肌收缩

60. 下丘脑的主要功能是

A. 较高级的交感神经中枢         B. 较高级的副交感神经中枢

C. 较高级的交感和副交感神经中枢　　D. 较高级的内脏活动中枢

E. 重要的躯体运动中枢

61. 下丘脑在内脏调节中的作用不包括

A. 摄食　　　　B. 水平衡　　　　C. 生物节律　　　D. 内分泌　　　E. 排便反射

62. 与情绪生理反应关系密切的部位是

A. 脊髓　　　　B. 延髓　　　　C. 脑桥　　　　D. 中脑　　　　E. 下丘脑

63. 下列属于条件反射的是

A. 吸吮反射　　　　　　　　　B. 眨眼反射

C. 屈肌反射　　　　　　　　　D. 见到美味佳肴引起唾液分泌反射

E. 窦弓反射

64. 在完整动物机体建立条件反射的关键步骤是

A. 存在无关刺激

B. 存在非条件刺激

C. 没有干扰刺激

D. 无关刺激与非条件刺激在时间上多次结合

E. 非条件刺激出现在无关刺激之前

65. 人类区别于动物的主要特征是

A. 具有第一信号系统和第二信号系统　　B. 对环境变化具有更大的适应性

C. 具有第一信号系统　　　　　　　　　D. 具有建立条件反射的能力

E. 具有对具体信号形成条件反射的能力

66. 谈论梅子时引起唾液分泌的是

A. 第一信号系统的活动　　　　　　B. 交感神经兴奋所致

C. 第二信号系统的活动　　　　　　D. 副交感神经兴奋所致

E. 交感神经抑制所致

67. 在异相睡眠期间

A. 血压、心率进一步下降　　　　　B. 生长素分泌明显增加

C. 脑内蛋白质合成减少　　　　　　D. 神经元活动减少

E. 有快速眼球运动

二、多项选择题

1. 神经纤维分类的主要根据是

A. 传导速度的快慢　　　　　　　　B. 后电位的差异

C. 锋电位大小　　　　　　　　　　D. 兴奋阈值的高低

E. 纤维直径和来源

2. 影响神经纤维传导速度的因素有

    A. 纤维直径              B. 有无髓鞘

    C. 纤维长度              D. 温度

    E. 动物进化程度

3. 神经的营养性作用

    A. 由神经营养性因子实现      B. 正常情况下不易被觉察

    C. 由神经末梢释放营养因子实现    D. 与轴浆运输有关

    E. 与神经冲动无关

4. 神经胶质细胞的特征包括

    A. 没有轴突              B. 较神经元体积小、数量多

    C. 细胞之间不形成化学性突触    D. 不发生膜电位改变

    E. 不产生动作电位

5. 神经胶质细胞的功能有

    A. 支持、修复和再生作用      B. 绝缘和屏障作用

    C. 物质代谢和营养性作用      D. 免疫应答作用

    E. 摄取和分泌神经递质

6. 化学性突触的结构特点是

    A. 由突触前膜、突触间隙和突触后膜构成

    B. 前膜和后膜较一般神经元膜稍增厚

    C. 突触前膜内含有大量囊泡

    D. 囊泡中含神经递质

    E. 突触后膜上有受体

7. 兴奋通过突触传递特征的叙述，错误的是

    A. 突触传递只能从突触前神经末梢传向突触后神经元

    B. 突触传递兴奋时需要的时间与冲动传导差不多

    C. 在中枢神经系统内，只有兴奋可以发生总和，而抑制不会产生总和

    D. 在反射活动中，传入神经上的冲动频率往往与传出神经发出的冲动频率一致

    E. 突触传递过程中，极易受内环境变化的影响

8. 下列对突触后抑制的叙述，错误的是

    A. 必须通过抑制性中间神经元才能实现

    B. 是由于突触后膜呈超极化

    C. 它的产生仅与 IPSP 有关，与 EPSP 无关

    D. 该抑制为一种典型的反馈抑制

E. 该抑制按其特点不同可分为传入侧支性抑制和回返性抑制

9. 下列哪些纤维属于胆碱能纤维

    A. 交感和副交感神经节前纤维        B. 副交感神经节后纤维

    C. 躯体运动神经纤维               D. 支配内脏的所有传出神经

    E. 支配汗腺的交感神经节后纤维

10. 下列哪些组织器官内具有胆碱能 M 型受体

    A. 胃肠道平滑肌      B. 膀胱逼尿肌      C. 支气管平滑肌

    D. 竖毛肌         E. 汗腺

11. 胆碱能受体的阻断剂有

    A. 毒蕈碱         B. 普萘洛尔      C. 酚妥拉明

    D. 筒箭毒         E. 阿托品

12. 属于中枢抑制性递质的是

    A. 谷氨酸         B. 甘氨酸       C. $\gamma$ – 氨基丁酸

    D. 门冬氨酸      E. 亮氨酸

13. 下列有关特异投射系统的叙述，错误的是

    A. 各种特定感觉均经该系统投射至大脑皮质

    B. 丘脑感觉接替核和联络核均属于该系统范围

    C. 有特定的感觉传导通路

    D. 点对点投射到大脑皮质特定感觉区域

    E. 起维持和改变大脑皮质兴奋状态的作用

14. 对内脏痛的主要特点的叙述，错误的是

    A. 疼痛缓慢、持久

    B. 对痛的定位不精确

    C. 对机械性牵拉、痉挛、缺血、炎症、切割及烧灼等刺激敏感

    D. 可以引起某些皮肤区域发生疼痛或痛觉过敏

    E. 与皮肤痛一样，有快痛和慢痛之分

15. 下列对牵张反射的叙述，不包括

    A. 感受器是肌梭            B. 效应器是梭外肌

    C. 肌紧张是单突触反射        D. 传入纤维是 C 类纤维

    E. 中枢是脊髓 $\alpha$ 运动神经元

一、单项选择题

1. 属于含氮类激素的是

    A. 糖皮质激素                   B. 盐皮质激素

    C. 催产素                         D. 雌二醇

    E. 孕酮

2. 下丘脑调节肽共有

    A. 7 种         B. 8 种         C. 9 种         D. 10 种         E. 11 种

3. 不属于生长素作用的是

    A. 促进蛋白质合成             B. 升高血糖

    C. 促进脑细胞生长发育         D. 促进脂肪分解

    E. 间接促进软骨生长

4. 幼年时生长素分泌过多会导致

    A. 肢端肥大症                 B. 侏儒症

    C. 黏液性水肿                 D. 巨人症

    E. 向中性肥胖

5. 幼年时生长素缺乏会导致

    A. 呆小症                       B. 肢端肥大症

    C. 黏液性水肿                 D. 侏儒症

    E. 糖尿病

6. 成年人生长素分泌过多会导致

    A. 巨人症                       B. 黏液性水肿

    C. 侏儒症                     D. 向心性肥胖

    E. 肢端肥大症

7. 体内最重要的内分泌腺是

    A. 甲状腺                       B. 肾上腺

    C. 胰岛                         D. 性腺

E.腺垂体

8.一天中血液生长素水平最高的时间是

A.清晨　　　　B.中午　　　　C.傍晚　　　　D.进食后　　　　E.深睡后

9.催乳素促进并维持乳腺泌乳主要起作用的时期是

A.青春期　　　　　　　　　　　　B.妊娠早期

C.妊娠后期　　　　　　　　　　　D.分娩后

E.选项 B 和选项 C

10.合成甲状腺激素的原料是

A.碘和铁　　　　　　　　　　　　B.碘和甲状腺球蛋白

C.甲状腺球蛋白和维生素 B　　　　D.球蛋白和维生素 A

E.铁和球蛋白

11.下列不属于甲状腺激素的生理作用的是

A.促进外周组织对糖的利用　　　　B.生理剂量促进蛋白质合成

C.减慢心率和减弱心肌收缩力　　　D.提高神经系统兴奋性

E.抑制糖原合成

12.影响神经系统发育最重要的激素是

A.肾上腺素　　　　　　　　　　　B.胰岛素

C.生长素　　　　　　　　　　　　D.甲状腺激素

E.醛固酮

13.幼年缺乏甲状腺激素会导致

A.呆小症　　　　　　　　　　　　B.侏儒症

C.向中性肥胖　　　　　　　　　　D.糖尿病

E.水中毒

14.治疗呆小症应在何时开始补充甲状腺激素

A.出生后 12 个月以前　　　　　　B.出生后 6 个月以前

C.出生后 8 个月以前　　　　　　　D.出生后 10 个月以前

E.出生后 3 个月以前

15.糖皮质激素对代谢的作用是

A.抑制葡萄糖的利用，促进蛋白质分解

B.促进葡萄糖的利用，促进蛋白质分解

C.促进葡萄糖的利用，促进蛋白质合成

D.抑制葡萄糖的利用，促进蛋白质合成

E.抑制葡萄糖的利用，抑制蛋白质分解

16. 胰岛中分泌胰岛素的是

    A. A 细胞        B. D 细胞        C. B 细胞        D. PP 细胞        E. C 细胞

17. 降低血糖的激素是

    A. 胰高血糖素                 B. 糖皮质激素

    C. 胰岛素                      D. 生长素

    E. 甲状腺激素

18. 调节胰岛素分泌的最重要的因素是

    A. 血脂水平                 B. 血中氨基酸水平

    C. 血糖水平                 D. 血钙水平

    E. 血钾水平

19. 下列关于含氮类激素的描述，正确的是

    A. 不易被消化酶所破坏，故可口服使用

    B. 分子较大，不能透过细胞膜

    C. 可直接与胞质内受体结合而发挥生物效应

    D. 全部是氨基酸衍生物

    E. 用基因调节学说来解释其作用机制

20. 血液中降钙素主要由哪种细胞产生

    A. 胰岛 α 细胞             B. 胰岛 β 细胞

    C. 甲状旁腺细胞           D. 甲状腺 C 细胞

    E. 小肠上部 K 细胞

21. 下列哪一种信使属于第一信使

    A. cAMP        B. cGMP        C. IP3        D. NE        E. DG

22. 下列哪种激素不是垂体分泌或释放的

    A. 促甲状腺激素释放激素        B. 催产素

    C. 抗利尿激素              D. 生长素

    E. 催乳素

23. 下列哪种激素属于含氮激素

    A. 1,25- 二羟维生素 $D_3$        B. 雌二醇

    C. 睾酮                    D. 促甲状腺激素

    E. 醛固酮

24. 关于糖皮质激素的作用，下列哪一项是错误的

    A. 使淋巴细胞减少           B. 对水盐代谢无作用

    C. 增加机体抗伤害刺激的能力       D. 对正常血压的维持很重要

E.使红细胞数目增加

25.体液中激素浓度很低，而生理效果十分明显是因为

A.激素的半衰期长　　　　　　　　B.激素的特异性强

C.激素作用有靶细胞　　　　　　　D.激素有高效能放大作用

E.激素间有相互作用

26.下列哪一种不是由下丘脑促垂体区的神经细胞合成的

A.催乳素释放因子　　　　　　　　B.生长素释放激素

C.促肾上腺皮质激素　　　　　　　D.促性腺激素释放激素

E.促甲状腺激素释放激素

27.下丘脑 – 腺垂体调节甲状腺功能的主要激素是

A.生长素　　　　　　　　　　　　B.促黑激素

C.刺激甲状腺免疫球蛋白　　　　　D.促肾上腺皮质激素

E.促甲状腺激素

28.室旁核主要产生哪种激素

A.生长素　　　　　　　　　　　　B.催乳素

C.催产素　　　　　　　　　　　　D.抗利尿激素

E.促黑激素

29.神经激素是指

A.存在于神经系统的激素　　　　　B.由神经细胞分泌的激素

C.作用于神经细胞的激素　　　　　D.使神经系统兴奋的激素

E.调节内分泌腺功能的激素

30.应激反应时

A.促肾上腺皮质激素和糖皮质激素分泌增加

B.催乳素和生长素分泌增加

C.肾上腺素分泌增加

D.去甲肾上腺素分泌增加

E.以上激素分泌都增加

二、多项选择题

1.激素的作用方式有

A.自分泌　　　B.旁分泌　　　C.外分泌　　　D.神经分泌　　　E.远距分泌

2.内分泌系统包括

A.内分泌腺　　　　　　　　　　　B.汗腺细胞

C.神经胶质细胞　　　　　　　　　D.某些神经细胞

E. 散在内分泌细胞

3. 激素的一般特征有

    A. 可有协同　　　　　　　　　　　　B. 可有拮抗

    C. 特异性　　　　　　　　　　　　　D. 高效能生物放大作用

    E. 可有允许

4. 下列哪些物质属于第二信使

    A. $Ca^{2+}$　　　B. CAMP　　　C. CGMP　　　D. G- 蛋白　　　E. 蛋白激酶

5. 肾上腺素的作用有

    A. 使动脉血压升高　　　　　　　　　B. 使心输出量增加

    C. 加速糖原分解　　　　　　　　　　D. 使冠状动脉舒张

    E. 可增加机体的产热量

6. 生理剂量 ACTH 的作用有

    A. 促进肾上腺皮质增生　　　　　　　B. 促进糖皮质激素合成与释放

    C. 促进盐皮质激素合成与释放　　　　D. 促进肾上腺素合成

    E. 促进生长素、胰岛素的合成

7. 下列哪些是腺垂体分泌的促激素

    A. TSH　　　B. ACTH　　　C. PRL　　　D. LH　　　E. FSH

8. 下列关于生长素的叙述，正确的是

    A. 促进骨骼肌的生长发育　　　　　　B. 加速蛋白质的合成

    C. 促进脂肪分解　　　　　　　　　　D. 抑制外周组织对葡萄糖的利用

    E. 对脑的发育有重要的作用

单项选择题

1. 产生精子的部位是

    A. 精囊          B. 附睾          C. 间质细胞      D. 输精管      E. 曲精细管

2. 体内精子储存在

    A. 睾丸                           B. 前列腺

    C. 精囊腺                       D. 附睾和输精管

    E. 尿道球腺

3. 关于精子的生成与发育，错误的是

    A. 在睾丸的曲精细管产生           B. 卵泡刺激素对生精起始动作用

    C. 睾酮有维持生精的作用           D. 精原细胞发育成精子约需两个半月

    E. 腹腔内温度适宜于精子的生成

4. 精子必须在雌性生殖道内停留一段时间方能获得使卵子受精的能力，这个过程称为

    A. 受精         B. 着床        C. 顶体反应    D. 精子获能    E. 精子去获能

5. 睾丸间质细胞的功能是

    A. 营养和支持生殖细胞           B. 产生精子

    C. 分泌雄激素                  D. 分泌雄激素结合蛋白

    E. 分泌抑制素

6. 关于雄激素，下列叙述不正确的是

    A. 属类固醇激素                 B. 维持正常性欲

    C. 由睾丸生精细胞合成           D. 刺激男性副性特征出现

    E. 促进蛋白质的合成

7. 一般来说，正常成年男人表现为生长胡须、体格高大、喉结突出、声音低沉，是因为体内

    A. 雌激素水平低                 B. 孕激素水平低

    C. 雌、孕激素水平均低           D. 雄激素水平高

    E. 雌激素和雄激素水平均低

8. 促进男性副性待征出现的激素是

    A. 绒毛膜促性腺激素                  B. 雌激素

    C. 孕激素                              D. 雄激素

    E. 催乳素

9. 促进骨骼肌蛋白质合成特别明显的激素是

    A. 绒毛膜促性腺激素                  B. 雌激素

    C. 孕激素                              D. 雄激素

    E. 催乳素

10. 成熟的卵泡能分泌大量的

    A. 卵泡刺激素                      B. 黄体生成素

    C. 雌激素                             D. 孕激素

    E. 催乳素

11. 卵泡刺激素的主要作用是

    A. 刺激卵泡的生长、发育和成熟      B. 使子宫内膜呈分泌期变化

    C. 促进成熟卵泡的排放           D. 促进黄体生成并维持其分泌功能

    E. 促进人绒毛膜促性腺激素分泌

12. 卵巢分泌的雌激素主要是

    A. 雌二醇       B. 雌三醇       C. 雌酮       D. 孕酮       E. 己烯雌酚

13. 下列叙述中正确的是

    A. 男性体内只有雄激素             B. 女性体内只有雌激素

    C. 只有前列腺才能产生前列腺素      D. 卵巢也能分泌少量雄激素

    E. 胎盘能分泌大量雄激素

14. 促进女性副性特征出现的激素是

    A. 绒毛膜促性腺激素                  B. 雌激素

    C. 孕激素                              D. 激素

    E. 催乳素

15. 下列雌激素的作用中错误的是

    A. 促进输卵管的发育和运动        B. 增强阴道抗菌的能力

    C. 升高血浆胆固醇水平           D. 使水钠潴留

    E. 促进肌肉蛋白质合成

16. 排卵后黄体分泌

    A. 雌激素                        B. 孕激素

    C. 雌激素和孕激素           D. 黄体生成素

E. 卵泡刺激素

17. 下列关于孕激素的作用的描述错误的是

    A. 使子宫内膜呈增殖期变化

    B. 降低子宫平滑肌兴奋性

    C. 降低母体子宫对胚胎的排异作用

    D. 与雌激素一起促进乳腺发育

    E. 有产热作用

18. 女性基础体温在排卵后升高 0.5℃左右，并在黄体期维持在此水平，与下列哪种激素有关

    A. 雌激素　　　　　　　　　　　B. 孕激素

    C. 卵泡刺激素　　　　　　　　　D. 黄体生成素

    E. 甲状腺激素

19. 血中哪一种激素出现高峰可作为排卵的标志

    A. 催乳素　　　　　　　　　　　B. 卵泡雌激素

    C. 黄体生成素　　　　　　　　　D. 催乳素释放因子

    E. 催乳素释放抑制因子

20. 排卵前血液中出现黄体生成素高峰的原因是

    A. FSH 的作用

    B. 减少 LH 本身的反馈作用

    C. 血中孕激素对腺垂体的正反馈作用

    D. 血中高水平雌激素对腺垂体的负反馈作用

    E. 血中高水平雌激素对腺垂体的正反馈作用

21. 排卵后子宫内膜呈分泌期变化是由于

    A. 雌激素作用　　　　　　　　　B. 孕激素作用

    C. LH 浓度增高　　　　　　　　D. 孕激素和雌激素共同刺激

    E. FSH 浓度升高

22. 在月经周期中出现两次分泌高峰的激素是

    A. 绒毛膜促性腺激素　　　　　　B. 雌二醇

    C. 孕激素　　　　　　　　　　　D. 雄激素

    E. 催乳素

23. 月经的发生是由于

    A. 血液中前列腺素浓度降低

    B. 血液中孕酮和雌二醇水平下降

C. 血液中孕酮水平升高，雌二醇水平下降

D. 卵泡刺激素和黄体生成素浓度升高

E. 血中人绒毛膜促性腺激素浓度升高

24. 关于月经周期的叙述，错误的是

A. 排卵与血液中黄体生成素分泌高峰有关

B. 子宫内膜的增殖依赖于雌激素

C. 子宫内膜剥落是由于雌激素和孕激素水平降低

D. 妊娠期月经周期消失的原因是血中雌激素和孕激素水平很低

E. 切除两侧卵巢后月经周期消失

25. 子宫内膜脱落出血的原因是血中

A. 雌激素浓度高                    B. 孕激素浓度高

C. 雌、孕激素浓度都高             D. 雌、孕激素浓度都低

E. 孕激素浓度低

26. 妊娠期间，下列激素的浓度变化是

A. 雌激素下降                      B. 孕激素升高

C. 黄体生成素升高                 D. 卵泡刺激素升高

E. 雌激素、孕激素保持高水平

27. 维持妊娠黄体功能的主要激素是

A. 孕酮                            B. 雌激素

C. 卵泡刺激素                      D. 黄体生成素

E. 人绒毛膜促性腺激素

28. 测定血或尿中哪种激素有助于早孕诊断

A. HCG          B. 雌二醇          C. LH          D. 孕激素          E. FSH

29. 妊娠 3 个月后，诊断死胎的检验指标是孕妇尿中的

A. 雌酮突然减少                    B. 孕酮突然减少

C. 雌二醇突然减少                 D. 雌三醇突然减少

E. 绒毛膜促性腺激素突然减少

30. 结扎输卵管的妇女

A. 不排卵，有月经                  B. 不排卵，无月经

C. 有排卵，有月经                  D. 副性特征存在，附属性器官萎缩

E. 副性特征消失，附属性器官萎缩

## 第一章 绪 论

**一、单项选择题**

1. D  2. B  3. E  4. C  5. C  6. E  7. E  8. B  9. C  10. B  11. A  12. A  13. D
14. A  15. D  16. C  17. D  18. A  19. B  20. D  21. C  22. B  23. E  24. C
25. B  26. A  27. E  28. B  29. A  30. C

**二、多项选择题**

1. ABC  2. ABDE  3. ABCE  4. AB  5. ABC  6. ABCDE  7. ABCDE  8. ABCE

## 第二章 细胞的基本功能

**一、单项选择题**

1. B  2. C  3. E  4. D  5. A  6. C  7. D  8. B  9. C  10. B  11. A  12. B  13. C
14. D  15. C  16. B  17. E  18. B  19. A  20. C  21. E  22. D  23. C  24. E
25. C  26. C  27. B  28. C  29. C  30. A  31. E  32. B  33. C  34. A  35. D
36. B  37. C  38. D  39. D  40. A  41. B  42. E  43. C  44. C  45. E  46. A
47. D  48. E  49. A  50. D  51. A  52. C  53. C  54. D  55. E  56. D  57. C
58. A  59. A  60. E  61. E  62. B  63. E  64. A  65. B  66. C  67. C  68. A
69. D  70. A  71. E  72. D  73. A  74. E  75. B  76. A  77. A  78. D  79. B
80. B  81. C  82. C  83. A  84. A  85. A  86. B  87. A  88. A  89. C  90. D

**二、多项选择题**

1. ABCD  2. ABCDE  3. BCDE  4. ABDE  5. ABC  6. BC  7. BC  8. ACDE
9. ACE  10. ABD  11. ABD  12. ABCDE  13. ABCD  14. AC

## 第三章 血 液

**一、单项选择题**

1. E  2. C  3. A  4. B  5. E  6. E  7. C  8. C  9. A  10. C  11. A  12. A  13. B

14. B    15. D    16. B    17. E    18. B    19. A    20. E    21. A    22. D    23. D    24. E
25. D    26. A    27. E    28. B    29. D    30. C    31. A    32. A    33. A    34. C    35. D
36. E    37. A    38. D    39. C    40. A    41. D    42. E    43. C    44. D    45. C    46. C
47. A    48. D    49. B    50. B    51. A    52. C    53. A    54. E    55. B    56. A    57. B
58. D    59. B    60. B    61. C    62. A    63. C    64. A    65. A    66. A    67. E    68. E
69. B    70. B    71. A    72. D    73. A    74. A    75. D    76. D    77. B    78. D    79. B
80. C    81. B    82. A    83. A    84. D    85. C    86. B    87. D    88. D    89. D

二、多项选择题

1. BD    2. ABC    3. ABC    4. BDE    5. ABC    6. ABCD    7. ABCDE    8. ABCDE
9. BCD    10. AB    11. ABCDE    12. ABD    13. ABCDE

## 第四章　血液循环

一、单项选择题

1. A    2. B    3. B    4. C    5. D    6. A    7. E    8. D    9. C    10. C    11. C    12. D    13. D
14. B    15. D    16. D    17. B    18. C    19. C    20. D    21. B    22. E    23. E    24. D
25. E    26. E    27. A    28. C    29. A    30. C    31. D    32. D    33. E    34. B    35. B
36. A    37. E    38. E    39. B    40. E    41. B    42. E    43. C    44. E    45. E    46. E
47. A    48. E    49. C    50. C    51. C    52. E    53. D    54. D    55. C    56. A    57. E
58. C    59. D    60. E    61. B    62. A    63. C    64. A    65. D    66. C    67. C    68. E
69. B    70. C    71. D    72. E    73. A    74. B    75. E    76. C    77. E    78. D    79. D
80. C    81. D    82. C    83. A    84. B    85. C    86. C    87. E    88. B    89. D    90. D
91. C    92. E    93. B    94. E    95. C    96. A    97. C    98. D    99. B    100. C    101. C
102. E    103. B    104. A    105. A    106. C    107. A    108. C    109. D    110. A    111. C
112. B    113. D    114. E    115. A    116. B    117. E    118. B

二、多项选择题

1. CE    2. ABC    3. ABCD    4. BD    5. BD    6. AC    7. AD    8. ABE    9. DE    10. ACD
11. ACD    12. ACD    13. CDE    14. ABCD    15. ABC    16. ABCDE    17. ABDE
18. ACD    19. ABCE    20. ABCD    21. BCE    22.　ABC    23. ADE    24. ABC

## 第五章　呼　吸

一、单项选择题

1. C    2. D    3. C    4. B    5. B    6. D    7. B    8. C    9. B    10. C    11. D    12. B    13. B

14. D　15. E　16. A　17. A　18. B　19. A　20. C　21. E　22. A　23. B　24. A

25. C　26. C　27. D　28. B　29. C　30. E　31. B　32. D　33. D　34. D　35. C

36. A　37. A　38. B　39. B　40. D　41. B　42. C　43. D　44. B　45. D　46. E

47. C　48. D　49. E　50. D　51. C　52. C　53. A　54. B　55. A　56. B　57. B

58. A　59. C　60. D　61. A　62. E　63. A　64. B　65. E　66. C　67. E　68. C

69. E　70. B　71. C　72. D　73. D　74. E　75. A　76. E　77. D　78. D　79. A

80. D　81. C　82. E　83. D　84. C　85. D　86. B　87. C　88. E　89. C　90. C

二、多项选择题

1. ABCDE　2. BC　3. AB　4. BC　5. AE　6. AB　7. AC　8. ABCDE　9. ABDE

10. ABCDE　11. CDE　12. ABCD　13. CD　14. CD

## 第六章　消化和吸收

一、单项选择题

1. E　2. B　3. B　4. E　5. B　6. C　7. E　8. C　9. A　10. C　11. E　12. D　13. C

14. D　15. B　16. D　17. C　18. C　19. D　20. D　21. D　22. D　23. C　24. D

25. C　26. A　27. D　28. D　29. D　30. E　31. C　32. D　33. E　34. B　35. B

36. D　37. B　38. D　39. C　40. C　41. C　42. C　43. D　44. C　45. E　46. C

47. C　48. C　49. D　50. D　51. E　52. A　53. A　54. C　55. D　56. B　57. C

58. E　59. E　60. B

二、多项选择题

　ABCDE

## 第七章　能量代谢和体温

一、单项选择题

1. A　2. C　3. D　4. E　5. B　6. C　7. A　8. E　9. A　10. D　11. E　12. C　13. C

14. A　15. B　16. C　17. C　A　19. B　20. A　21. A　22. E　23. C　24. B　25. B

26. E　27. B　28. A　29. E　30. A

二、多项选择题

1. ABDE　2. ABCDE　3. BCDE　4. ABCDE　5. CD　6. ABCD　7. ABCD

## 第八章　肾的排泄功能

一、单项选择题

1. A　2. E　3. A　4. B　5. A　6. A　7. C　8. D　9. B　10. C　11. B　12. C　13. D
14. B　15. B　16. E　17. B　18. A　19. C　20. B　21. E　22. D　23. E　24. C
25. D　26. A　27. D　28. A　29. C　30. A　31. C　32. B　33. D　34. A　35. A
36. E　37. E　38. C　39. D　40. E　41. D　42. D　43. C　44. E　45. D　46. A
47. C　48. B　49. B　50. B　51. D　52. D　53. C　54. C　55. C　56. B　57. A
58. A　59. C　60. B

二、多项选择题

1. ABC　2. BCDE　3. ABCDE　4. ABCDE　5. BCDE　6. ABD　7. BCD　8. ACD
9. CD　10. DE　11. ACD　12. BCD　13. ADE　14. ABCE　15. CDE　16. ABCE
17. CDE　18. ABCE　19. AD　20. BE　21. ABCDE　22. BD　23. AC　24. DE
25. ABDE　26. CE　27. ABCDE　28. ABDE　29. ABCD

## 第九章　感觉器官的功能

一、单项选择题

1. E　2. B　3. A　4. B　5. D　6. D　7. E　8. E　9. B　10. C　11. D　12. D
13. C　14. C　15. E　16. D　17. E　18. C　19. A　20. D　21. A　22. C　23. D
24. B　25. C　26. E　27. D　28. B　29. A　30. B　31. C　32. C　33. E　34. E
35. D　36. D　37. C　38. E　39. B　40. C　41. C　42. C　43. C　44. C　45. E
46. B　47. C　48. A　49. D　50. D　51. C　52. E　53. E　54. A　55. B　56. C
57. E　58. C　59. D　60. E

二、多项选择题

21. AC　22. ABCDE　23. AD　24. CDE

## 第十章　神经系统

一、单项选择题

1. C　2. D　3. E　4. A　5. C　6. E　7. C　8. B　9. D　10. A　11. D　12. B　13. A
14. D　15. C　16. C　17. C　18. B　19. A　20. B　21. D　22. B　23. B　24. B

25. A　26. E　27. B　28. B　29. A　30. E　31. A　32. A　33. C　34. D　35. E

36. C　37. B　38. A　39. E　40. B　41. D　42. B　43. D　44. A　45. A　46. B

47. D　48. C　49. B　50. A　51. D　52. B　53. A　54. E　55. A　56. A　57. E

58. D　59. B　60. D　61. E　62. E　63. D　64. D　65. A　66. C　67. E

二、多项选择题

1. AE　2. ABD　3. ABCDE　4. ABCDE　5. ABCD　6. ABCDE　7. BCD　8. CD

9. ABCE　10. ABCE　11. DE　12. BC　13. AE　14. CE　15. CD

## 第十一章　内分泌

一、单项选择题

1. C　2. C　3. C　4. D　5. D　6. E　7. E　8. E　9. D　19. B　11. C　12. D　13. A

14. E　15. A　16. C　17. C　18. C　19. B　29. D　21. D　22. A　23. D　24. B

25. D　26. C　27. E　28. C　29. B　30. E

二、多项选择题

1. ABDE　2. ADE　3. ABCDE　4. ABC　5. ABCDE　6. ABD　7. ABDE　8. ABCD

## 第十二章　生　殖

单项选择题

1. E　2. D　3. E　4. D　5. C　6. C　7. D　8. D　9. D　10. C　11. A　12. A　13. D

14. B　15. C　16. C　17. A　18. B　19. C　20. E　21. B　22. B　23. B　24. D

25. D　26. E　27. E　28. A　29. D　30. C

［1］王庭槐 . 生理学 .9 版 . 北京：人民卫生出版社，2018.

［2］管又飞，朱进霞，罗自强 . 生理学 .4 版 . 北京：北京大学医学出版社，2018.

［3］杨宏静，伍爱荣 . 人体生理学 .5 版 . 北京：北京大学医学出版社，2019.

［4］唐四元 . 生理学 .4 版 . 北京：人民卫生出版社，2017.

［5］白波 . 生理学学习指导 . 北京：人民卫生出版社，2005.